できる
ドキュワークス
DocuWorks 9

株式会社インサイトイメージ ＆できるシリーズ編集部

インプレス

ご購入・ご利用の前に必ずお読みください

本書は、2018年2月現在の情報をもとに「DocuWorks 9」をWindows 10のOS上での操作について解説しています。またモバイル版としては、DocuWorks Viewer Light（Android版）で解説しています。本書発行後に「DocuWorks 9」の機能や操作方法、画面などが変更された場合、本書の掲載内容通りに操作できない可能性があります。本書発行後の情報については、弊社のホームページ（https://book.impress.co.jp/）などで可能な限りお知らせいたしますが、すべての情報の即時掲載ならびに、確実な解決をお約束することはできかねます。本書の運用により生じる、直接的、または間接的な損害について、著者ならびに弊社では一切の責任を負いかねます。あらかじめご理解、ご了承ください。

本書で紹介している内容のご質問につきましては、できるシリーズの無償電話サポート「できるサポート」にて受け付けております。ただし、本書の発行後に発生した利用手順やサービスの変更に関しては、お答えしかねる場合があります。また、本書の奥付に記載されている初版発行日から3年が経過した場合、もしくは解説する製品やサービスの提供会社がサポートを終了した場合にも、ご質問にお答えしかねる場合があります。できるサポートのサービス内容については172ページの「できるサポートのご案内」をご覧ください。なお、都合により「できるサポート」のサービス内容の変更や「できるサポート」のサービスを終了させていただく場合があります。あらかじめご了承ください。

「できる」「できるシリーズ」は、株式会社インプレスの登録商標です。
DocuWorksは、富士ゼロックス株式会社の日本およびその他の国における登録商標または商標です。
その他、本書に記載されている会社名、製品名、サービス名は、一般に各開発メーカーおよびサービス提供元の登録商標または商標です。
なお、本文中にはTMおよび®マークは明記していません。

Copyright © 2018 INSIGHT IMAGE, Ltd. and Impress Corporation. All rightsreserved.
本書の内容はすべて、著作権法によって保護されています。著者および発行者の許可を得ず、転載、複写、複製等の利用はできません。

まえがき

　少子高齢化が進み、労働者人口の減少が大きな課題となっている日本において、多くの企業が「働き方改革」に向けた取り組みを進めています。特にポイントとなっているのが仕事と家庭の両立で、育児や介護などで働くことが難しい人であっても業務ができる環境を整えることが重要視されるようになりました。

　その実現方法の1つとして挙げられているのが在宅勤務です。多くの業務がIT化されている現在、自宅であってもパソコンがあればさまざまな業務を遂行することが可能でしょう。さらにインターネットやクラウドを活用すれば、自宅でもオフィスと同様に作業を進められる環境を整えられます。

　オフィスでの業務だけでなく、このような在宅勤務においても活用できる文書管理ツールとして、富士ゼロックスから提供されているのが「DocuWorks」です。パソコンで作成した書類やスキャンした紙の文書を独自の「DocuWorks文書」に変換して管理することができるアプリであり、デジタルと紙のいずれの書類であっても同様に管理できることが大きな特徴となっています。またDocuWorks文書は紙のように扱うことが可能であり、付箋を貼ったりメモを書き込んだりできるほか、「承認」や「マル秘」などといったスタンプを押したり、日付印を捺印したりできます。

　このDocuWorksの最新版として登場した「DocuWorks 9」は、従来から提供されている数多くの便利な機能を継承しているだけでなく、さまざまな新機能も追加されています。その中でも特に便利なのが「お仕事スペース」です。これを利用すれば、クラウドを介してオフィスと自宅のそれぞれのパソコンの間で文書を同期することが可能であり、たとえばオフィスで作業した仕事の続きを在宅勤務で行いたいといった場合でも、いちいちUSBメモリなどでファイルを持ち運ぶ必要はありません。

　本書では、各レッスンに沿って作業を進めることで、DocuWorksの基本的な使い方をマスターできるように構成されています。なお制作にあたっては、富士ゼロックス株式会社、インプレス、クロックワークスの方々に多大なるご協力を頂きました。この場を借りてお礼申し上げます。

　本書が皆様の業務に少しでもお役に立てれば幸いです。

2018年2月
インサイトイメージ　川添貴生

できるシリーズの読み方

レッスン
見開き完結を基本に、やりたいことを簡潔に解説

やりたいことが見つけやすいレッスンタイトル
各レッスンには、「○○をするには」や「○○って何?」など、"やりたいこと"や"知りたいこと"がすぐに見つけられるタイトルが付いています。

機能名で引けるサブタイトル
「あの機能を使うにはどうするんだっけ?」そんなときに便利。機能名やサービス名などで調べやすくなっています。

キーワード
そのレッスンで覚えておきたい用語の一覧です。巻末の用語集の該当ページも掲載しているので、意味もすぐに調べられます。

左ページのつめでは、章タイトルでページを探せます。

手順
必要な手順を、すべての画面とすべての操作を掲載して解説

手順見出し
「○○を表示する」など、1つの手順ごとに内容の見出しを付けています。番号順に読み進めてください。

解説
操作の前提や意味、操作結果に関して解説しています。

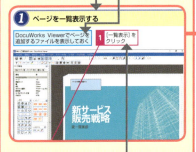

操作説明
「○○をクリック」など、それぞれの手順での実際の操作です。番号順に操作してください。

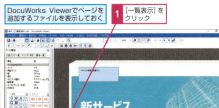

HINT!
レッスンに関連したさまざまな機能や、一歩進んだ使いこなしのテクニックなどを解説しています。

ショートカットキー

知っておくと何かと便利。キーボードを組み合わせて押すだけで、簡単に操作できます。

テクニック 白紙ページの活用

DocuWorksの基本的な機能はファイルの管理と閲覧ですが、白紙ページとさまざまなアノテーション機能を使えば、簡単なページはDocuWorks単体でも作ることが可能です。ひとまとめにした情報に補足内容を整理したり、後日新たな書類を作るときの下書きを準備したりするのに利用できます。

白紙ページには各種アノテーションや、ほかの文書からコピーした情報などを貼り付けておける

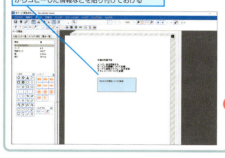

ページのサムネール一覧からページを削除するには

DocuWorks Viewerのサムネール一覧画面からページを削除するには、削除するページをクリックして Delete キーを押します。

複数のページをまとめて削除するには

複数のページをまとめて削除するには、DocuWorks Viewerのサムネール一覧画面で、削除する複数のページを Shift キーを押しながらクリックし、Delete キーを押します。

間違った場合は？

手順3で間違って余分なページを挿入した場合は、挿入した直後であれば[編集]メニューの[元に戻す]をクリックして挿入前の状態に戻します。挿入した後に別の操作をした場合は、余分なページを削除します。

③ 白紙ページが挿入された

白紙ページが追加された

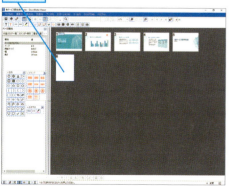

Point 白紙ページはアイデア次第でさまざまな使い方ができる

DocuWorksの多彩なアノテーション機能と白紙ページを組み合わせれば、単なるメモの追加にとどまらない、さまざまな使い方に応用できます。たとえば、オリジナルのファイルが手元にないDocuWorks文書を別の案件で再利用するとき、元の内容を変更することはできなくても、白紙のページに文章を書き込め、簡単な図を作ることも可能です。WordやPowerPointほどの高いレベルの表現力はありませんが、新しい文書の下書きや構想のメモなどは、DocuWorksだけで十分作成できます。

30 ページの挿入

右ページのつめでは、知りたい機能でページを探せます。

テクニック
レッスンの内容を応用した、ワンランク上の使いこなしワザを解説しています。身に付ければパソコンがより便利になります。

間違った場合は？
手順の画面と違うときには、まずここを見てください。操作を間違った場合の対処法を解説してあるので安心です。

Point
各レッスンの末尾で、レッスン内容や操作の要点を丁寧に解説。レッスンで解説している内容をより深く理解することで、確実に使いこなせるようになります。

※ここに掲載している紙面はイメージです。実際のレッスンページとは異なります。

目 次

まえがき ……………………… 3
できるシリーズの読み方 ……… 4

第1章　DocuWorksの基本を知る　　9

① DocuWorks ってなに？　＜文書管理アプリケーション＞ …………… 10
② DocuWorks を起動するには　＜起動＞ …………………………………… 12
③ DocuWorksのファイルを確認するには　＜DocuWorks Desk＞ ……… 14
④ DocuWorks文書としてファイルを保存するには　＜DocuWorks Printer＞ …… 18
　テクニック　Microsoft Officeのリボンから素早く変換する ……………… 21
⑤ DocuWorks文書に変換するには　＜ファイルの取り込み＞ …………… 22
⑥ DocuWorks Viewer ってなに？　＜DocuWorks Viewer＞ ……………… 24
⑦ ファイルを並べ替えるには　＜文書の整列＞ …………………………… 28
⑧ DocuWorks Deskで文書の内容を見るには　＜プレビュー表示＞ …… 32
⑨ DocuWorksを終了するには　＜終了＞ ………………………………… 34
この章のまとめ …………… 36

第2章　DocuWorks文書を整理する　　37

⑩ DocuWorksでファイルを整理しよう　＜DocuWorks Deskの活用＞ …… 38
⑪ DocuWorks Deskにフォルダを作るには　＜新規フォルダの作成＞ …… 40
⑫ 元の形式のままファイルを取り込むには
　　　＜DocuWorks文書以外のファイルの取り込み＞ ……………………… 42
⑬ ファイルを探すには　＜検索＞ …………………………………………… 44
⑭ 複数の文書をひとまとめにするには　＜束ねる＞ ……………………… 46
⑮ 文書をバインダーにまとめるには　＜DocuWorksバインダー＞ ……… 48
⑯ バインダーの中身の並び順を変えるには　＜バインダーの索引＞ …… 52
⑰ バインダーからファイルを取り出すには　＜バインダーのファイル移動＞ …… 54
⑱ 封筒やクリアフォルダーに入れて情報をまとめるには　＜DocuWorks入れ物＞ …… 56
⑲ PDFを作成するには　＜PDFに変換＞ ………………………………… 60
⑳ DocuWorks文書を紙に印刷するには　＜印刷＞ ……………………… 62
㉑ 紙の文書をDocuWorks Deskに取り込むには　＜紙文書の取り込み＞ …… 64

㉒ ゼロックスの複合機から文書を取り込むには　＜親展ボックス＞ ……………… 66
㉓ 文書を暗号化して保護するには　＜パスワード＞ ……………………………… 70
　この章のまとめ………… 72

第3章　DocuWorks文書を編集する　73

㉔ DocuWorks文書の編集機能を活用しよう　＜文書の編集＞ ………………… 74
㉕ DocuWorks文書内のページを編集するには　＜ページの並び替え、挿入＞ ……… 76
㉖ 文書内の情報をほかのファイルで利用するには　＜マルチモード＞ ………… 78
㉗ スキャンした文書のテキストを利用するには　＜OCR＞ …………………… 80
㉘ 文書にメモ書きを付けるには　＜アノテーション＞ …………………………… 82
㉙ 目次を作成するには　＜タイトルアノテーション＞ …………………………… 88
㉚ 文書に白紙ページを追加するには　＜ページの挿入＞ ………………………… 90
　テクニック　白紙ページの活用 ………………………………………………… 91
㉛ 文書にページ番号を付けるには　＜ページ番号＞ ……………………………… 92
　テクニック　ページ番号の書式を設定する …………………………………… 93
㉜ 文書にリンクを設定するには　＜リンクアノテーション＞ …………………… 94
㉝ イメージファイルをWordファイルに変換するには　＜ファイル形式変換＞ ……… 96
㉞ 机の上にアノテーションを書き込むには　＜机の上を編集＞ ………………… 98
㉟ 文書を画像ファイルに変換するには　＜イメージ変換出力＞ ………………… 100
㊱ 電子印鑑を使うには　＜電子印鑑＞ ……………………………………………… 102
　この章のまとめ………… 106

第4章　DocuWorksで業務改革を推進する　107

㊲ お仕事スペースとは　＜お仕事スペースの概要＞ ……………………………… 108
㊳ お仕事スペースに文書を集めるには　＜お仕事スペースにコピー＞ ………… 112
㊴ お仕事スペースの文書を整理するには　＜お仕事スペースの片付け＞ ……… 114
㊵ お仕事スペースの文書を元に戻すには　＜元に戻す＞ ………………………… 116
㊶ DocuWorksの設定を端末間で共有するには　＜設定の共有＞ ……………… 118
㊷ お仕事バーで業務を効率化するには　＜お仕事バー＞ ………………………… 120
　この章のまとめ………… 122

第5章　チームで情報を共有する　　123

- ㊸ 社内ネットワークで文書を共有するには　＜ご近所Desk＞……………………124
- ㊹ ご近所Deskでファイルを共有するには　＜ファイルの共有＞………………126
- ㊺ Windowsの共有フォルダのファイルを使うには　＜リンクフォルダ＞………128
- ㊻ ファイルを共同で利用するには　＜持ち寄りテーブル＞………………………130
- ㊼ Working Folderにファイルを保存するには　＜アップロード、ダウンロード＞………132
- ㊽ WebブラウザーでWorking Folderを利用するには　＜Webブラウザーで操作＞…134
- この章のまとめ…………136

第6章　外出先やモバイル環境で情報を利用する　137

- ㊾ モバイル端末でDocuWorks文書を利用するには
  ＜モバイル版DocuWorks Viewer Light＞………………………138
- ㊿ モバイル端末で文書を見るには　＜ファイルの表示＞…………………………144
  - テクニック　Working Folderを利用する………………………147
- 51 DocuWorksでまとめた文書をモバイル端末で見るには　＜内容＞……………148
- 52 モバイル端末で文書を操作するには　＜ファイルのダウンロード＞…………150
- 53 モバイル端末でメモを書き込むには　＜編集＞…………………………………152
- 54 モバイル端末で文書をメールで送るには　＜共有＞……………………………156
- 55 モバイル端末でWorking Folderにアップロードするには　＜アップロード＞……158
- この章のまとめ…………160

付録1　DocuWorks 9体験版のインストール……………………………………161
付録2　DocuWorks Viewer Lightのインストール………………………………164
付録3　モバイル版DocuWorks Viewer Lightのインストール…………………166

用語集………………………………………………………………………………168
索引…………………………………………………………………………………170

できるサポートのご案内…………………………………………………………172
本書を読み終えた方へ……………………………………………………………173
読者アンケートのお願い…………………………………………………………174

第1章 DocuWorksの基本を知る

「DocuWorks 9」は、デジタルデータと紙文書をまとめて整理して保管・活用する機能を備えた統合的なドキュメント管理アプリです。この章では、DocuWorksの主な機能と基本的な使い方を覚えましょう。

●この章の内容
① DocuWorksってなに？ ……………………………………10
② DocuWorksを起動するには ………………………………12
③ DocuWorksのファイルを確認するには ………………14
④ DocuWorks文書としてファイルを保存するには ……18
⑤ DocuWorks文書に変換するには …………………………22
⑥ DocuWork Viewerってなに？ ……………………………24
⑦ ファイルを並べ替えるには ………………………………28
⑧ DocuWorks Deskで文書の内容を見るには …………32
⑨ DocuWorksを終了するには ………………………………34

レッスン 1

DocuWorks ってなに？

文書管理アプリケーション

富士ゼロックスの「DocuWorks」は、紙文書とパソコンで作成したデータの両方を一元的に管理することができる、多機能な文書管理アプリケーションです。

■ デジタルデータと紙の文書をまとめて管理

机の上でさまざまな紙の書類を整理するように、スキャナを使ってパソコンに取り込んだ紙文書やオフィスアプリケーションなどで作成したデータをまとめて管理できる、文書管理アプリケーションがDocuWorksです。特徴となっているのは分かりやすいインターフェイスで、実際の紙文書を整理するのと同じ感覚で利用することが可能です。取り込んだ書類は"電子化された紙"のように扱えるほか、紙文書と同様に付箋を貼ったりマーキングしたりすることもできるため、誰でも戸惑うことなくパソコンのファイルを整理、保管するのに活用することができます。

▶キーワード

DocuWorks Desk	p.168
DocuWorks Viewer	p.168
DocuWorks文書	p.168
OCR	p.168
暗号化	p.168

 さまざまなファイルが扱えるDocuWorks

DocuWorksでは、専用ファイル形式「DocuWorks文書」を主に利用します。これ以外にも、Microsoft Officeで作成したファイル、画像、PDFやテキストなども一括して管理できます。

◆文書管理アプリ「DocuWorks 9」
DocuWorksは、文書や画像などさまざまな形式のファイルを整理整頓し編集するための環境をパソコン上で実現した、「デジタル化された机」のようなもの

DocuWorks文書は暗号化できるので、部課での情報共有や会議の資料配布も安全

DocuWorks上のファイルはクリアファイルや封筒、バインダーなど、用途や目的に合わせてさまざまな分類方法でまとめることが可能

紙の書類をスキャナで電子化して取り込み、DocuWorks上で管理・再利用することも可能

ページ編集やメモ書きもできる専用形式ファイルのほか、デジタルカメラの画像やWordやExcelの文書、PDFなど、多種多様なファイルを管理可能

DocuWorksの2つのアプリケーション

DocuWorksは、ファイルの管理を行う「DocuWorks Desk」と、ファイルの内容を参照するための「DocuWorks Viewer」という2つのアプリケーションで構成されています。DocuWorks Deskは、管理しているすべてのファイルを見渡し、文書の分類や整理といった作業を行うための「机」の役割を持っています。一方、1つ1つの文書の詳細な内容を閲覧したり、文書に対してメモ書きしたりマーキングしたりする際にはDocuWorks Viewerを利用します。

◆DocuWorks Desk

多くのユーザーにとってなじみやすいツリー構造

サムネール表示で直感的なワークスペース

◆DocuWorks Viewer

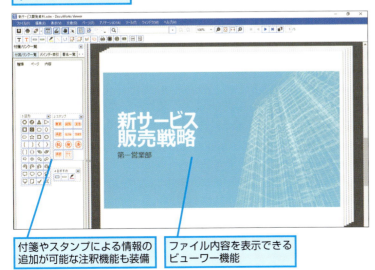

付箋やスタンプによる情報の追加が可能な注釈機能も装備

ファイル内容を表示できるビューワー機能

HINT! 紙の書類を再利用するための便利な機能

通常、紙をスキャナでパソコンに取り込むと、その内容は写真やイラストなどと同じ画像データとして保存されます。この状態でも内容を確認することは可能ですが、書類に記載されている内容を検索できないなど不便な点があります。そこで役立つのがOCR（Optical Character Recognition）と呼ばれる文字認識技術です。OCRを利用すると、スキャナなどで読み取った画像から文字を認識することができます。DocuWorksでは、このOCRを利用して画像から文字を検出し、テキストデータと利用するための機能が用意されています。

Point 文書管理の悩みを解決できるDocuWorks

パソコンは業務を進める上で欠かせないツールとして広く普及しています。それに伴ってWordやExcel、PowerPointなどのオフィスアプリケーションを使って多くのドキュメントが作成されるようになりました。またインターネットが普及したことで、メールを使って作成したドキュメントを送受信する機会も増えています。一方で会議や打ち合わせの席で配布される資料など、紙文書を受け取る機会もまだまだ少なくありません。このように、オフィスアプリケーションで作成したりメールで受け取ったりしたデジタルデータのドキュメントと、印刷された紙文書を一元的に管理できることがDocuWorksの大きなメリットです。日々大量に発生する資料やドキュメントをどのように管理するかは、多くの人に共通する悩みでしょう。その解決策として、DocuWorksをぜひ有効活用しましょう。

レッスン 2

DocuWorksを起動するには

起動

それでは、さっそくDocuWorksを使ってみましょう。初めてDocuWorksを起動するときには、ファイルの保存場所などの初期設定が行われます。

① DocuWorksを起動する

あらかじめDocuWorks 9をインストールしておく

標準ではデスクトップにショートカットアイコンが作成される

1 [DocuWorks Desk]アイコンをダブルクリック

▶キーワード

ファイル	p.169
フォルダ	p.169
ユーザーフォルダ	p.169

② 初期設定を開始する

初めてDocuWorks 9を起動するときは[DocuWorksユーザー個別設定]が表示される

2回目以降の起動は、以降の初期設定は表示されず、手順6に進む

1 [次へ]をクリック

 HINT! DocuWorks Deskがデータを格納するフォルダ

DocuWorks Deskで管理・保存されているデータ群は、システムドライブにある[ドキュメント]フォルダ直下にあります。[ドキュメント]フォルダを開くと、[Fuji Xerox]-[DocuWorks]-[DWFolders]-[ユーザーフォルダ]内にDocuWorks上の文書が保存されています。

③ 標準設定を選択する

[設定方法の選択]画面が表示された

ここでは[標準設定]のまま作業を行う

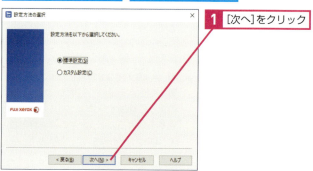

1 [次へ]をクリック

 HINT! DocuWorks Deskは[スタート]からも起動できる

手順1ではデスクトップに置かれたショートカットから起動する方法を紹介しましたが、[スタート]メニューや[スタート]画面に追加された[DocuWorks Desk]のアイコン(タイル)から起動することもできます。

 間違った場合は？

手順3で間違って[カスタム設定]をクリックして[次へ]を押してしまった場合は、表示された画面で[戻る]をクリックします。再度手順3からやり直します。

④ 設定内容を確認する

[設定内容の確認]画面が表示された

1 [次へ]をクリック

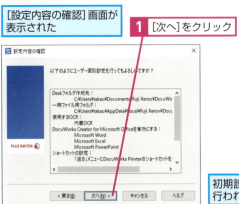

初期設定が自動で行われる

⑤ 設定を完了する

[設定終了]画面が表示された

1 [閉じる]をクリック

⑥ DocuWorks Deskが起動した

初期設定が完了し、DocuWorks Deskが起動した

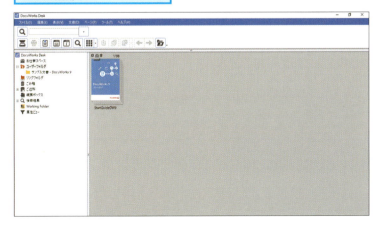

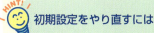 初期設定をやり直すには

初期設定した内容をあとで変更したい場合は、[スタート]メニューや[スタート]画面の[DocuWorksユーザー個別設定ツール]を起動します。DocuWorksで多くのファイルを管理するようになると、ユーザーフォルダの容量が非常に大きくなる可能性があります。もし標準のドライブで容量に不安がある場合、空き容量に余裕のある別のドライブにフォルダを作るように設定しましょう。

Point

基本はお任せ設定でOK

DocuWorks 9の初期設定はウィザード形式で進んでいき、設定項目も基本的には標準の設定のまま変更しなくても大丈夫です。ウィザードを先に進めて、さっそくDocuWorks Deskを起動しましょう。[スタート]メニューからDocuWorks Deskを起動することもできますが、起動方法が違っても使い方は全く変わりません。DocuWorks Desk上で見たい文書を開いてDocuWorks Viewerを起動させる、という流れになります。

レッスン 3

DocuWorksの ファイルを確認するには
DocuWorks Desk

DocuWorksでは、登録したファイルの管理を「DocuWorks Desk」を使って行います。ここでは、DocuWorks Deskの基本的な使い方を解説します。

DocuWorks Deskの画面構成

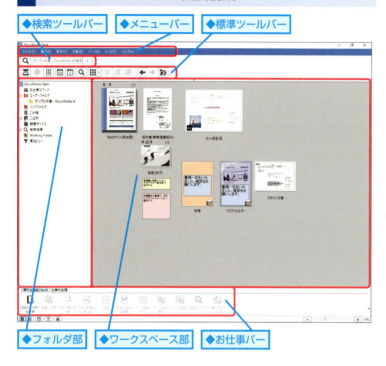

▶ キーワード

DocuWorks Desk	p.168
お仕事バー	p.168
サムネール	p.169
ファイル	p.169
フォルダ	p.169
ユーザーフォルダ	p.169

ショートカットキー

Ctrl + + …… サムネールを拡大
Ctrl + - …… サムネールを縮小

HINT! ツールバーやお仕事バーを非表示にするには

ツールバーの領域で右クリックし、[検索][標準][お仕事バー]のいずれかのチェックマークを外すと非表示になります。

1 ツールバーの領域を右クリック

2 非表示にする項目をクリックしてチェックマークを外す

●検索ツールバー
DocuWorks Desk上のファイルを検索するためのツールバー。

●メニューバー
DocuWorks Deskの各種機能を呼び出すメニュー。

●フォルダ部
登録したファイルを分類できるフォルダの一覧。この中にある「ユーザーフォルダ」の中に、各個人の文書や各種ファイルを保存できる。

●ワークスペース部
選択したフォルダに登録されているファイルが表示される領域。

●お仕事バー
よく使う機能などをカスタマイズして並べておけるツールバー。

HINT! ユーザーフォルダってなに？

ユーザーフォルダは、DocuWorks Deskに登録したファイルが保管されるフォルダです。ユーザーフォルダの中にフォルダを作成することも可能で、複数のフォルダを使ったファイルを分類することができます。

フォルダを表示する

1 フォルダを選択する

ここではユーザーフォルダに用意されている[サンプル文書－DocuWorks 9]を開く

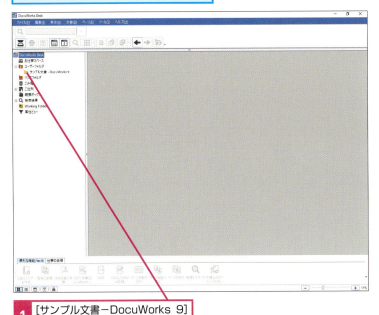

1 [サンプル文書－DocuWorks 9]をクリック

2 フォルダの内容を確認する

[サンプル文書－DocuWorks 9]の内容が表示された

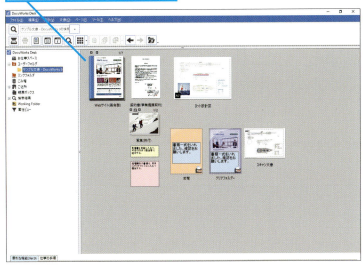

HINT! ツールバーやお仕事バーにコマンドを追加するには

DocuWorks Deskでは、ツールバーやお仕事バーに機能を追加することができます。よく利用する機能を追加すれば便利です。なお、コマンドをドラッグする際、アイコンに[×]印が表示されている領域には追加することはできません。

1 [ツール]をクリック　　2 [ツールの設定]をクリック

[ツールバーの設定]画面が開いた

3 [分類]からツールバーに追加したい機能の分類を選択

4 [コマンド]から追加したい機能を選び、追加したいツールバーまでドラッグ

 間違った場合は？

手順1で間違って別のフォルダをクリックしてしまった場合は、再度目的のフォルダをクリックし直します

次のページに続く

サムネールの大きさを変える

1 サムネールを大きく表示する

サムネールの表示サイズを大きくすると、画面上で内容が確認しやすくなる

1 希望の大きさになるまで[+]をクリック

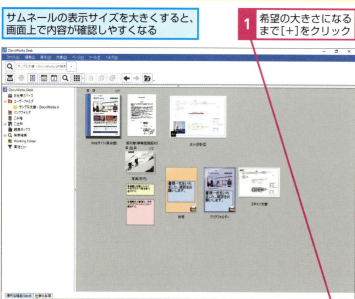

2 サムネールが大きく表示された

サムネールが大きくなった

[-]をクリックすればサムネールを小さく表示できる

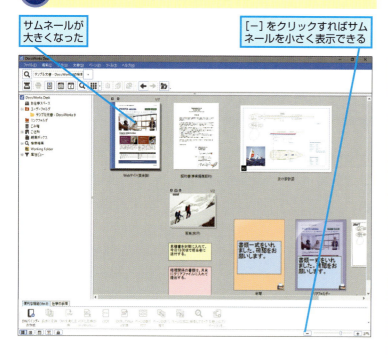

HINT! フォルダの色やワークスペースの色を変えるには

各フォルダのプロパティでは、フォルダの色やフォルダツリーの色、ワークスペースの色などを変更することができます。

1 フォルダを右クリック

2 [プロパティ]をクリック

[フォルダプロパティ]画面が表示された

3 [▼]をクリック

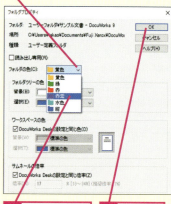

4 いずれかの色をクリック

5 [OK]をクリック

ワークスペース部の表示を切り替える

ワークスペースを分割して表示することもできる

DocuWorks Desk内のフォルダ間でファイルを移動する際、ワークスペースを分割して表示すると、移動先のフォルダの内容を見ながらファイルを移動することができて便利です。

1 [ワークスペースを分割して表示します]をクリック

ワークスペースが分割され、それぞれのワークスペースで異なるフォルダが表示された

ワークスペース部をリスト表示にする

フォルダ内のファイルの名前やサイズ、更新日時を一覧したい場合はリスト表示を利用する

1 [リストで表示]をクリック

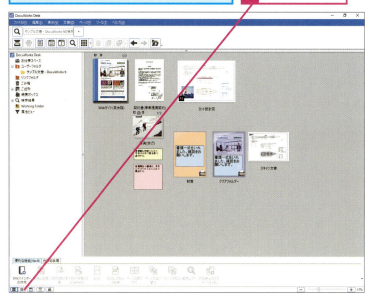

2 リストで表示された

リスト表示に切り替わった

[サムネールで表示]をクリックすれば、ワークスペースの表示形式が元のサムネール表示に戻る

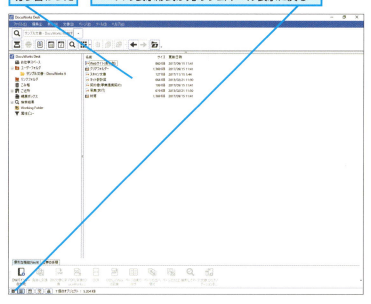

Point
サムネール表示とリスト表示を使い分けて効率アップを

DocuWorks DeskはDocuWorks文書をはじめとするさまざまなファイルを整理整頓、そして管理する「机」の役割を果たす、DocuWorksの中核をなすアプリケーションです。Windowsユーザーが馴染みやすいツリー型のフォルダ構造と、書類の内容を把握しやすいサムネール表示のワークスペースが大きな特徴です。ワークスペースはリスト形式の表示に切り替えることもできるので、ファイルの内容を確認しながら整理する場合はサムネール表示、複数のファイルをまとめてコピーするといった作業を行う場合はリスト表示、といったように2つの表示方法をうまく使い分けると作業効率が向上するでしょう。

レッスン 4

DocuWorks文書としてファイルを保存するには

DocuWorks Printer

実際にDocuWorksに文書を取り込んでみましょう。多くのアプリケーションで共通して利用できる方法として、印刷機能を用いた変換があります。

1 登録したいファイルを開く

DocuWorksに登録するファイルを開いておく
ここではExcelで作成したファイルを登録する

1 [ファイル]をクリック

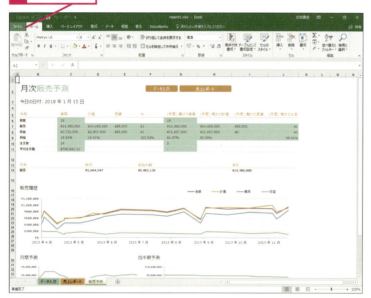

▶キーワード

DocuWorks文書	p.168
ファイル	p.169
ページ	p.169
ユーザーフォルダ	p.169

HINT! DocuWorks Printerってなに？

DocuWorks Printerは、アプリで開いているファイルをDocuWorks文書に変換できる、仮想的なプリンターです。DocuWorks Printerを使えば、紙に出力する前に画面上で印刷内容を確認できるため、印刷ミスによる紙の無駄を省けます。

HINT! DocuWorks Printerが利用できるファイル形式は？

DocuWorks Printerは、各アプリケーションの印刷メニューから仮想プリンタードライバーを呼び出して変換を行います。そのため、印刷機能があるアプリケーションで開くことができ、かつ印刷可能なファイルであればほとんどの場合がDocuWorks Printerを利用できます。

2 DocuWorks Printerで印刷する

[情報]画面が表示された
1 [印刷]をクリック
[印刷]画面に切り替わった

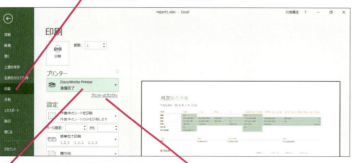

2 [プリンター]のリストボックスから[DocuWorks Printer]を選択
3 [プリンターのプロパティ]をクリック

HINT! DocuWorks Printerで出力した文書はどこに保存されるの？

DocuWorks Printerで出力した文書は、DocuWorks Deskが起動していてユーザーフォルダ内のいずれかのフォルダを開いている場合は、そのときに開いているフォルダに保存されます。DocuWorks Deskを起動していない場合やユーザーフォルダ以外を開いているときは、ユーザーフォルダの直下に保存されます。

③ 原稿サイズと作成方法を設定する

[DocuWorks Printerのプロパティ]画面が表示された

ここではExcelのシートをA4サイズのDocuWorks文書として出力する

1 [A4（210×297mm）]を選択

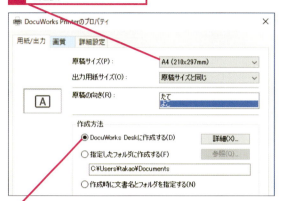

2 [DocuWorks Deskに作成する]が選択されていることを確認

3 [画質]をクリック

④ 画質を設定する

[画質]の画面に切り替わった

出力後のDocuWorks Desk文書のファイルサイズを小さくしたい場合は、[解像度]を低くし、[カラーイメージの圧縮]を[圧縮率優先]にする

1 [OK]をクリック

大きなサイズの文書をA3サイズに収めるには

手順3の画面で[詳細設定]タブを開き、[DocuWorks 6.x以前と互換性のある文書を作成する（Ver.4文書）]をクリックしてチェックマークを付けると、A3サイズ以上の書類は自動的にA3に収まるように縮小されます。

印刷時のように出力の向きやサイズを調整できる

Excelのように[印刷]画面中で用紙サイズが選択できるアプリケーションの場合は、ここで用紙の変更などが行えます。PowerPointのように、[印刷]画面中では変更できない場合は、[プリンターのプロパティ]をクリックして手順3に戻り、[原稿サイズ]の項目で設定を変更します。

DocuWorks文書にフォントを埋め込むには

DocuWorks 9では、DocuWorks文書にフォントを埋め込めるようになりました。手順4の画面の[文書にフォントを埋め込む]をクリックしてチェックマークを付けると、フォントが埋め込まれます。これにより、フォントがない環境で文書を表示しても、文字崩れは起きません。

次のページに続く

❺ ページに収まるように調整する

| 元の画面に戻った | **1** 印刷プレビューを確認 | 必要に応じて余白や拡大縮小の設定を行う |

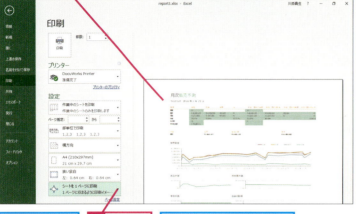

| ここでは、拡大縮小を設定する | **2** ここをクリック | 紙に印刷する場合と同様に、拡大縮小の設定を行う |

❻ DocuWorks文書として出力する

| 設定した内容で印刷プレビューが更新された | **1** 印刷プレビューを再度確認 |

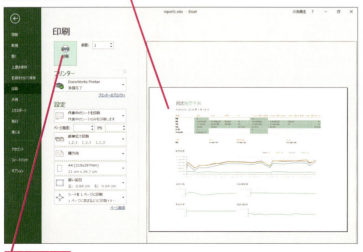

2 [印刷]をクリック

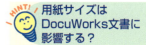

用紙サイズはDocuWorks文書に影響する？

DocuWorks Printerでは、手順3で設定した用紙サイズでDocuWorks文書を作成します。たとえばA4サイズを超えるExcelのシートを変換する場合、シートはA4サイズで分割された、複数ページの文書が作成されます。

不要なDocuWorks文書を削除するには

DocuWorksに取り込んだ文書が不要になった、間違って別のファイルを変換して取り込んでしまった、などといった場合は、DocuWorks Desk上でファイルを削除できます。ワークスペース上でファイルを右クリックして[削除]をクリック、またはファイルを選択してDeleteキーを押すと削除されます。

DocuWorks Deskの「ごみ箱」ってなに？

Windowsのごみ箱と同様、削除したファイルはフォルダリスト内にある[ごみ箱]に移動します。ファイルを完全に削除するには、ごみ箱を右クリックして[ごみ箱を空にする]を選びます。

1 [ごみ箱]を右クリック

2 [ごみ箱を空にする]をクリック

3 確認画面が表示されたら[はい]をクリック

テクニック　Microsoft Officeのリボンから素早く変換する

Word、Excel、PowerPointのバージョン2016を使っている場合、DocuWorksをインストールすると、リボンに［DocuWorks］タブが自動的に追加されます。ここにある［DocuWorks文書への変換］をクリックすると、表示中のファイルの内容が即座にDocuWorks文書に変換されて、DocuWorks Deskに登録されます。

この方法では、わずか1クリックだけでDocuWorks文書を作れますが、変換作業の途中にページ設定を調整することができません。ExcelのシートをDocuWorks文書化するときなど、ページ設定の確認と調整が必要な場合には、あらかじめ各アプリケーションの［印刷］メニューなどからページ設定を行っておきましょう。

- DocuWorks文書に変換するファイルを開いておく
- 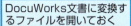 ［DocuWorks］タブをクリック
- 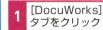 ［DocuWorks文書への変換］をクリック
- DocuWorks文書への変換が即座に行われ、DocuWorks Deskに登録される

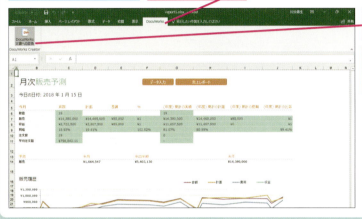

7 DocuWorks Deskで確認する

- アプリケーションをDocuWorks Deskに切り替える
- DocuWorks Printerで作成したファイルが登録された

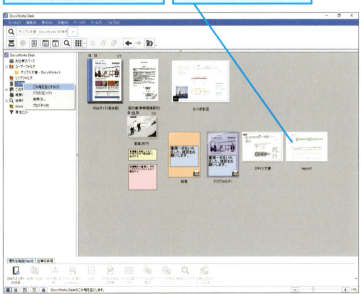

Point
印刷できるファイルなら簡単にDocuWorks文書化

アプリケーションで作ったファイルをDocuWorks文書に変換する意義のひとつに、内容が改変しにくく、かつ閲覧や再利用に便利なファイルが作れる、という点があります。DocuWorks文書にある情報は、アプリケーションを使って再編集できないので、改変不可の保管用のファイルとして利用できます。DocuWorks文書化する作業は非常に簡単で、さまざまなドキュメント作成からイメージ閲覧まで、各アプリケーションが備えている印刷機能を使い、DocuWorks Printerから出力するだけです。情報を紙に印刷して残していた感覚に近く、デジタルデータに出力した情報を「机」の上で整理する、というのがDocuWorksの使用感と言えるでしょう。

レッスン 5

DocuWorks文書に変換するには

ファイルの取り込み

DocuWorks Deskでは、Windowsのエクスプローラーの操作でもDocuWorks文書が作れます。ファイルをDocuWorks Deskにドラッグしてみましょう。

1 登録するファイルを表示する

エクスプローラーで登録するファイルを表示する

 DocuWorks Deskのワークスペース部に変換したいファイルをドラッグする

▶キーワード

DocuWorks文書	p.168
オリジナルデータ	p.168
ファイル	p.169
ページ	p.169

複数のファイルをドラッグした場合は

1つのファイルの場合と同様、複数のファイルをドラッグしてDocuWorks Deskに取り込むこともできます。ただし取り込み方法はすべてのファイルに共通になります。このため、取り込み方法をファイルごとに変えたい場合は個別にドラッグして変換する必要があります。

2 ファイルの取り込みを実行する

［ファイルの取り込み］画面が表示された

 ［はい］をクリック

DocuWorks文書に変換せずに取り込むには

ファイルを取り込む際、DocuWorks文書に変換したくない場合は、手順2の画面で［DocuWorks文書に変換せずにファイルを取り込む］をクリックしてにチェックマークを付けます。

間違った場合は？

手順1で、間違えて目的のファイル以外をドラッグした場合は、手順2の画面で［いいえ］をクリックして、もう一度手順1からやり直します。

③ ファイルの取り込み方法を指定する

[アプリケーションファイルの取り込み]画面が表示された

ここでは、新たに作成するDocuWorks文書に元データを添付して保存する

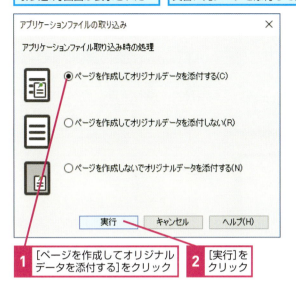

1 [ページを作成してオリジナルデータを添付する]をクリック

2 [実行]をクリック

 「オリジナルデータ」ってなに？

DocuWorksで言うところの「オリジナルデータ」は、DocuWorks文書に変換する元になるファイルのことを指します。オリジナルデータは、変換時の設定などにより、DocuWorks文書に添付することが可能です。

 取り込みを行う際の「ページを作成」ってなに？

[アプリケーションファイルの取り込み]画面にある「ページ」とは、DocuWorks文書の中のページを指しています。手順3でページを作成する項目を選択した場合、DocuWorks文書内にページが1枚追加され、そこにオリジナルデータが添付されます。

④ ファイルの変換が終了した

ドラッグしたファイルがDocuWorks文書に変換された

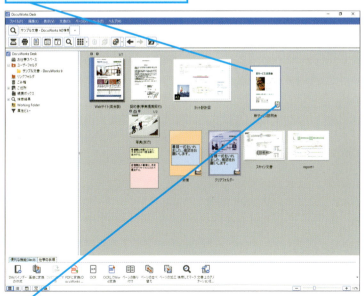

オリジナルデータが添付されたDocuWorks文書には右下にこのアイコンが表示される

Point
ドラッグしてオリジナルデータを簡単に添付する

DocuWorks Deskでは、大きく2通りの方法でファイルをDocuWorks文書に変換して取り込むことができますが、途中の過程やできることには若干の違いがあります。Excelなどのように印刷プレビューを見て出力設定を微調整しながらDocuWorks文書を変換するには、DocuWorks Printerを利用します。ただし、この方法では、オリジナルデータは添付されません。変換元となるファイルを後で編集することも考慮し、オリジナルデータを添付したDocuWorks文書を素早く作りたい場合は、エクスプローラーからドラッグして変換する方法がお手軽です。このように、目的に応じて変換方法を上手に使い分けましょう。

レッスン 6

DocuWorks Viewer ってなに？

DocuWorks Viewer

DocuWorks Deskに登録したDocuWorks文書は「DocuWorks Viewer」で閲覧します。ここでは、DocuWorks Viewerの基本的な使い方を見ていきましょう。

DocuWorks Viewerの画面構成

◆メニューバー　◆ツールバー　◆アノテーションツールバー　◆スタンプ
◆表示形式切り替えボタン　◆図形　◆おすすめ　◆DocuWorks文書の表示領域

▶キーワード

DocuWorks Viewer	p.168
DocuWorks文書	p.168
アノテーション	p.168
サムネール	p.169
ファイル	p.169
ページ	p.169

ショートカットキー

- [Page Up] ……… 前のページ
- [Page Down] ……… 次のページ
- [Home] ……… 最初のページ
- [End] ……… 最後のページ

HINT! 「アノテーション」ってなに？

アノテーションとは、DocuWorks Viewerで付加できる付箋や図形などの注釈のことです。文書本体の情報を改変することなく、追加の情報を書き込めるのが特徴です。

HINT! DocuWorks Viewerでツールバーを非表示にするには

ツールバーを非表示にするには、以下のように作業します。

1 ツールバーの領域を右クリック

2 非表示にする項目をクリックしてチェックマークを外す

●メニューバー
DocuWorks Viewerの各種機能を呼び出すメニュー。

●ツールバー
検索やページ操作など、よく使う機能のボタンがまとめられている。

●アノテーションツールバー
文書にメモ書きなどの情報を付加するための「アノテーション」を文書に貼り付けるボタンが並ぶツールバー。

●［スタンプ］、［図形］、［おすすめ］ツールバー
文書にスタンプや図形タイプのアノテーションを付記するためのツールバー。標準ではウィンドウ表示されている。

●表示形式切り替えボタン
各ページのサムネール表示や全画面表示など、表示方法を切り替えるための各種ボタン。

DocuWorks Viewerでファイルを表示する

 DocuWorks Deskでファイルを開く

DocuWorks Deskで参照するファイルがあるフォルダを開いておく

1 内容を表示するファイルをダブルクリック

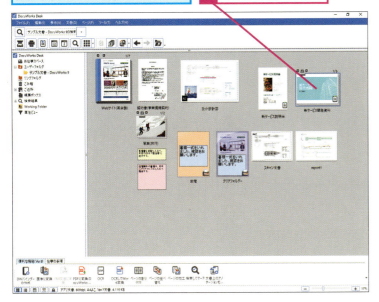

 ファイルが表示された

DocuWorks Viewerが起動してファイルの内容が表示された

 **DocuWorks Deskを経由せずにViewerを起動するには**

DocuWorks ViewerをDocuWorks Desk経由でなく直接起動するには、スタートメニューで［DocuWorks Viewer］を選択するか、WindowsのエクスプローラーでDocuWorks文書をダブルクリックします。

DocuWorks Viewerのツールバーの大きさを変えるには

DocuWorks Viewerのツールバーは、以下の方法でボタンのサイズを変えることができます。

DocuWorks Viewerを起動しておく

 ツールバーの領域を右クリック

2 ［カスタマイズ］をクリック

［ツールバーの設定］画面が表示された

3 ［オプション］をクリック

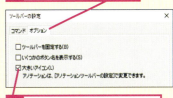

4 ［大きいアイコン］をクリックしてチェックマークを付ける

5 ［閉じる］をクリック

 間違った場合は？

手順2で違うファイルが表示された場合は、一旦DocuWorks Deskの画面に戻り、改めて正しいファイルをダブルクリックします。

次のページに続く

表示ページを切り替える

① 次のページを表示する

開いたファイルの次の
ページを表示する

1 [▶]をクリック

② ページが切り替わった

次のページが
表示された

[◀]をクリックすると前の
ページが表示される

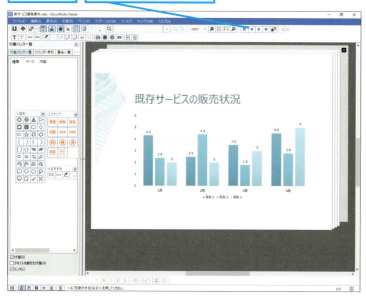

💡 HINT! 文書の先頭、最終ページを素早く表示するには

手順1および手順2の［◀］［▶］のそれぞれのボタンの両隣には［最初のページ］［最後のページ］というボタンがあります。いずれかをクリックすると、ファイルの先頭ページ、あるいは最終ページに移動します。

先頭ページに移動するには[最初のページ]をクリックする

最終ページに移動するには[最後のページ]をクリックする

💡 HINT! 指定したページに素早く移動するには

DocuWorks Viewerでは、移動したいページ数を入力してページを移動することもできます。

1 ページ数を入力

2 Enterキーを押す

💡 HINT! ページ一覧とページ内容を同時に表示するには

各ページのサムネールを参照しつつ、選択したサムネールのページを大きく表示する［一覧-文書表示］を利用すれば、目的のページをサムネールから素早く見つけて移動することができます。

1 [一覧-文書表示]をクリック

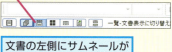

文書の左側にサムネールが
表示された

表示方法を切り替える

❶ ページの一覧表示に切り替える

DocuWorks Viewerでページ全体を一覧で表示する

1 [一覧表示] をクリック

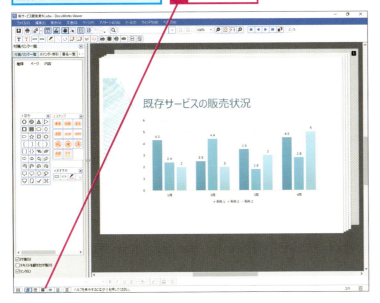

 簡単にページをめくるには

DocuWorks Viewerではこのページで紹介したページの切り替えのほかに、スクロールで前後のページを連続して表示することもできます。画面の下側にある [連続ページ表示で見る] をクリックすると連続ページ表示になり、もう1度クリックすると元に戻ります。マウスホイールでスクロールしたり、タブレットのフリックで簡単にページをめくれて便利です。付箋などの状態を直感的に見たいときは通常の [厚み表示]、ページを連続して見たいときは [連続ページ表示] と使い分けるとよいでしょう。

連続ページ表示と厚み表示を切り替える

❷ ページのサムネールが表示された

ファイルの各ページをサムネールで一覧表示する表示形式に切り替わった

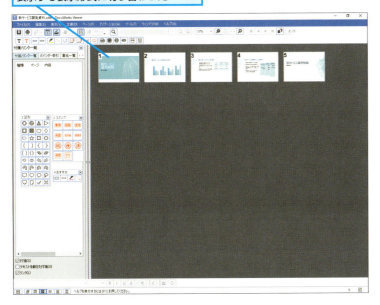

Point

DocuWorks Viewerで文書を閲覧・活用する

DocuWorks Viewerは、DocuWorks文書の内容を確認できるアプリケーションです。単純に1ページずつ表示するだけでなく、全体を素早く把握することができる各ページのサムネール表示機能など、便利な機能が数多く用意されています。また、ページの入れ替えや注釈機能なども用意されているので、単にファイルの中身を見るというだけではなく、情報を効率的に再利用することにも力を発揮します。

レッスン 7

ファイルを並べ替えるには

文書の整列

DocuWorks Deskのワークスペース部に置いたファイルは、自由に並べ替えられます。使い勝手や見やすさを考慮し、整列や表示の切り替えを使い分けましょう。

ファイルを移動させる

① ファイルをドラッグする

ファイルを並べ替えるフォルダを開いておく

1 ファイルをドラッグ

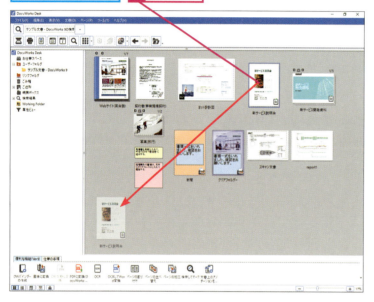

② ファイルの位置を動かせた

サムネイルの表示位置が変更された

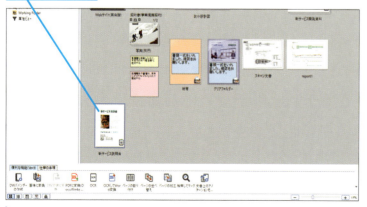

▶ **キーワード**

サムネール	p.169
ファイル	p.169

 ファイルの表示位置を動かすと、保管場所に影響はあるの?

DocuWorks Desk上でドラッグでファイルの位置を移動しても、エクスプローラー上の元の保管場所には影響しません。

 複数のファイルを同時に動かすには

ワークスペース上の何もない部分をドラッグすると、範囲選択で複数のファイルを選択できます。複数のファイルを選択した状態でドラッグすれば、複数のファイルを同時に移動できます。

1 サムネイル以外の場所からドラッグ

選択範囲内のファイルが選択され、まとめて移動できる状態になった

ファイルを整列させる

1 文書の整列をクリックする

ファイルを並べ替える
フォルダを開いておく

1 [文書の整列]
をクリック

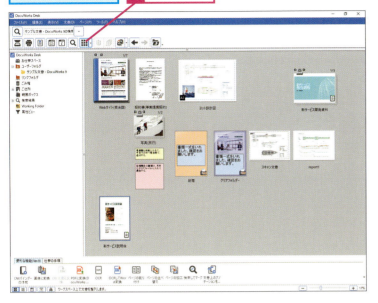

2 ファイルが整列した

ファイルが並べ替
えられ、整列した

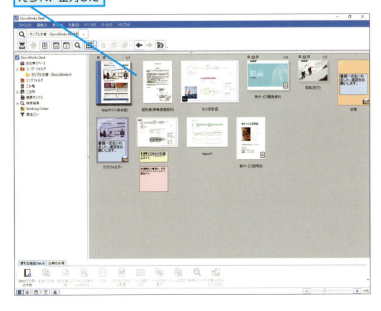

HINT! ファイルを等間隔に並べるには

DocuWorks Deskでは、ワークスペース上のフォルダを簡単に等間隔に並べ替えられます。

1 ファイル以外のワークスペースを右クリック

2 [等間隔に整列]
をクリック

ファイルが等間隔で並べられた

次のページに続く

特定の基準でファイルを整列させる

1 並べ替え方法を選ぶ

ファイルを並べ替える
フォルダを開いておく

1 [文書の整列]の[▼]をクリック

ここでは[名前の順]に並べ替える

2 [名前の順]をクリック

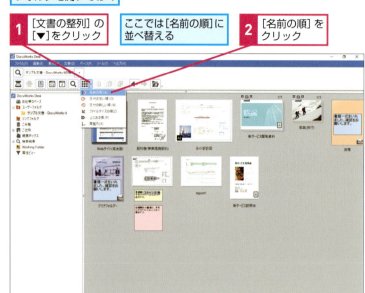

2 指定した順番にファイルが並べ替えられた

名前の順にファイルが整列した

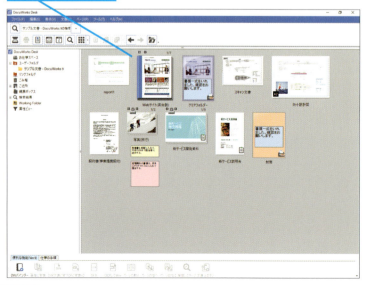

 「再整列」ってなに？

並べ替え方法の1つである[再整列]は、直前に指定した[文書の整列]の並べ替え方法を使ってファイルを整列します。たとえば、名前の順に整列したあとで手動で文書を移動し、[再整列]を実行すると、名前の順で整列した状態に戻ります。

 [上にある順]で並べ替えるとどうなる？

ファイルの並べ替え方法として[上にある順]を選択すると、その時点におけるファイルの位置で、ワークスペースの左下を原点として、上にあるもの、同じ高さにあるものはより左のものが先になるように並べ替えられます。

1 [上にある順]をクリック

ワークスペースの上にあるものから順に左上から整列した

リスト表示中の並べ替え

1 並べ替え方法を選ぶ

レッスン❸を参考にリスト表示に切り替えておく

1 [文書の整列]の[▼]をクリック

ここでは[ファイルサイズの順]に並べ替える

2 [ファイルサイズの順]をクリック

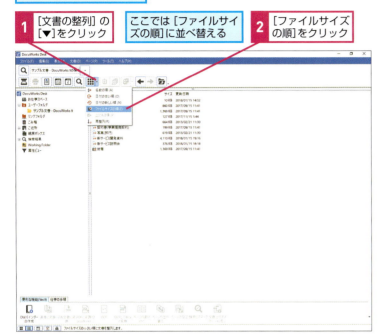

2 指定した順番にファイルが並べ替えられた

ファイルサイズが小さい順にファイルが整列した

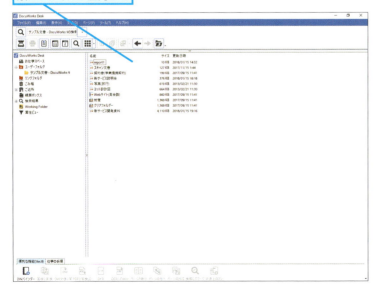

HINT! リスト表示のときに昇順／降順を切り替えるには

リスト表示の際は、リストの上部にある[名前][サイズ][更新日時]のいずれかをクリックすると、昇順と降順を素早く切り替えられます。

ここでは、更新日時の新しい順に並んでいるものを古い順に並べ直す

1 [更新日時]をクリック

もう一度[更新日時]をクリックすると新しい順に並び変わる

Point

自分なりのルールでファイルの置き場所を決める

DocuWorks Deskのワークスペース部はまさに机の上と同じ感覚で使える領域で、たとえば"作業中のファイルは左上にまとめておく"、あるいは"重要なファイルは右側に置く"など、作業の進捗や内容に合わせて置き場所を変えることもできます。配置したファイルをきれいに整列させる機能もあるため、手間をかけることなく整理整頓ができることも便利なポイントです。効率よく作業を進めるために、自分なりのファイルの配置ルールを考えてみましょう。

レッスン 8

DocuWorks Deskで文書の内容を見るには
プレビュー表示

DocuWorks Deskでは、[インフォビュー]という表示領域に文書のプレビューを表示できます。文書を開くことなく内容を手早く確認したいときに便利です。

ファイルの内容をプレビューする

1 ファイルのプレビューを表示する

プレビューするファイルが登録されているフォルダを開いておく

1 ファイルをクリック

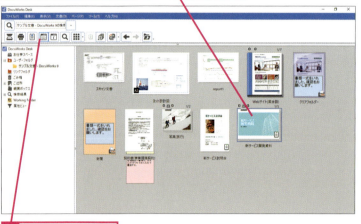

2 [プレビュー表示]をクリック

2 ファイルがプレビューされた

プレビューが表示された

プレビューを閉じるには、もう一度[プレビュー表示]をクリックする

▶ **キーワード**

サムネール	p.169
ファイル	p.169
プレビュー	p.169
ページ	p.169

ショートカットキー

[Ctrl]+[E] ……… プレビューを表示
[Ctrl]+[R] ……… プロパティを表示
[Ctrl]+[Shift]+マウスカーソルを合わせる………… 拡大表示

HINT! ファイルの内容を参照するには

DocuWorks Deskで文書を素早く確認するには、[Ctrl]+[Shift]キーを押しながら文書にマウスカーソルを合わせると、瞬時に拡大表示されます。また、マウスの左ボタンと右ボタンでページを移動することも可能です。さらに、[ファイル]メニューの[DocuWorksの設定]-[表示]にある[サムネールの一時拡大倍率]で、拡大画像の大きさを変更できます。

1 [Ctrl]+[Shift]キーを押しながら、文書にマウスカーソルを合わせる

文書が拡大表示された

マウスの左右ボタンでページを移動できる

プレビューの表示内容を操作する

1 プレビューに表示しているページを切り替える

ファイルをプレビュー表示しておくおく

1 [次のページ]をクリック

次のページが表示された

各ページ送りボタンの操作で前のページ、文書の最初または最後のページに切り替えられる

2 プレビューを拡大表示する

ファイルをプレビュー表示しておくおく

1 [拡大]をクリック

プレビューの表示内容が拡大された

[縮小]をクリックすると、表示内容が縮小される

[ページ幅を基準]をクリックすると、領域の幅に合わせて自動調整して表示される

 プレビュー中の文書からも内容をコピーできる

プレビュー画面左上には、文書中のテキストを選択できる［テキスト選択モード］や文書を範囲選択して範囲内を画像としてコピーする［部分イメージコピー］などの機能を利用するためのボタンも用意されています。これらの機能は、通常DocuWorks Viewer上で利用するものですが、プレビュー画面上でも、表示スペースの制限はありますが、同様に利用できます。

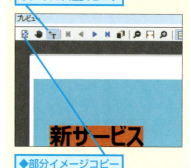

◆テキスト選択モード

◆部分イメージコピー

Point
ファイルの整理に役立つプレビュー表示

サムネールを見ながらファイルを整理しているとき、サムネールとして表示されている1ページ目だけではなく、それ以降のページも見たいケースもあるでしょう。こうしたケースで便利なのがプレビュー表示です。ちょっと内容を見たい程度であれば、わざわざDocuWorks Viewerを起動することなく、素早くファイルの内容を把握することができます。

レッスン 9

DocuWorksを終了するには

終了

DocuWorks ViewerとDocuWorks Deskのいずれのアプリケーションも、一般的なWindowsのアプリケーションと同様の方法で終了することができます。

DocuWorks Viewerを終了する

 [ファイル]メニューを表示する

DocuWorks Viewerを表示しておく

1 [ファイル]をクリック

 アプリケーションを終了する

[ファイル]メニューが表示された

1 [DocuWorks Viewerの終了]をクリック

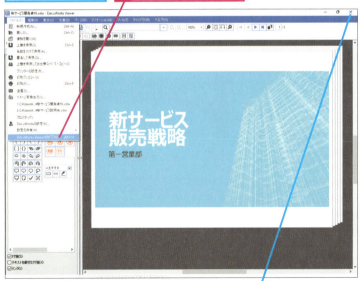

DocuWorks Viewerが終了する

[×]をクリックしても終了できる

▶ キーワード

DocuWorks Viewer	p.168
DocuWorks文書	p.168
入れ物	p.168
サムネール	p.169
バインダー	p.169

ショートカットキー

[Alt] + [F4] ……アプリケーション終了

 複数のファイルを開いている場合は

DocuWorks文書や第3章で紹介するDocuWorks Deskで作成したバインダー、入れ物などを複数開いている場合、開いているファイルなどの数だけDocuWorks Viewerのウィンドウが表示されています。DocuWorks Viewerを完全に終了するには、すべてのウィンドウでそれぞれ終了の手順を行う必要があります。

保存を確認するメッセージが表示されたら？

DocuWorks Viewerを終了する際、「変更を保存しますか？」という問い合わせメッセージが表示される場合があります。アノテーションの追加などを行った場合、変更内容を保存して文書を閉じたい場合は[はい]を、変更内容を破棄して閉じる場合は[いいえ]をクリックします。なお、DocuWorks Viewerの終了を一旦中止する場合は、[キャンセル]をクリックすれば取り消せます。

第1章 DocuWorksの基本を知る

DocuWorks Deskを終了する

1 [ファイル]メニューを表示する

DocuWorks Deskを表示しておく

1 [ファイル]をクリック

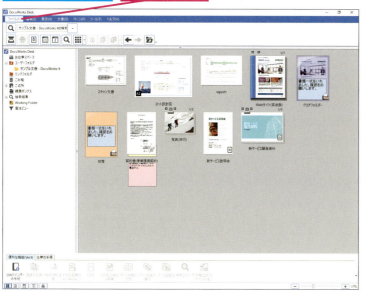

2 アプリケーションを終了する

[ファイル]メニューが表示された

1 [DocuWorks Deskの終了]をクリック

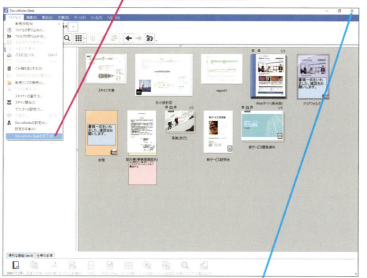

DocuWorks Deskが終了する

[×]をクリックしても終了できる

HINT! DocuWorks ViewerとDocuWorks Deskは別々に終了できる

DocuWorks ViewerとDocuWorks Deskは、どちらか一方を終了しても、もう一方には影響は及ぼさず、別々に終了できます。このレッスンではDocuWorks Viewerから終了していますが、先にDocuWorks Deskを終了しても問題ありません。どちらかを終了したあとでも、もう一方をそのまま利用し続けられます。

Point 文書は使い終わったら閉じ、業務が終わったら全体を終了する

DocuWorks Viewerは、DocuWorks文書を開くごとに起動するため、複数のDocuWorks文書を開いたままにしておくと、特にメモリー容量が多くないパソコンを使っている場合は、メモリー不足になる可能性も出てきます。そのため、閲覧や編集が済んだDocuWorks Viewerは閉じるようにしたほうがよいでしょう。DocuWorks Deskは、ファイルを開いたり整理したりするために日常的に利用するものであることを考えると、常に起動しておいて活用した方が効率的です。そのため、1日の業務を終えて退社する前に終了すればよいでしょう。

9 終了

この章のまとめ

書類整理の課題を DocuWorks で解決

日常的な業務で書類を多く扱っている場合、その書類の整理に多くの時間を割いていることになるでしょう。適切に整理整頓していれば、必要な書類を素早く見つけ出して利用することが可能となり、業務効率も上がります。しかしどの書類がどこに保管されているのか分からないといった状態では、それを探し出すための無駄な時間が生じてしまい、業務に悪影響を及ぼします。さらに現在では、紙の書類に加えてパソコンで作成したファイルも管理する必要が生じたため、書類整理はこれまで以上に複雑化しています。

こうした課題を解決してくれるツールがDocuWorks 9です。紙の書類とデジタルデータの一元管理を実現しているほか、書類整理に役立つ豊富な機能も備えています。そして「机の上で書類を動かす」感覚で操作できるインターフェイスにより、誰でも直感的に使えることも大きな魅力です。

直感的にファイルを管理
ツリー構造のフォルダと、内容が把握しやすいサムネール表示で、Windows ユーザーなら悩まず利用できる

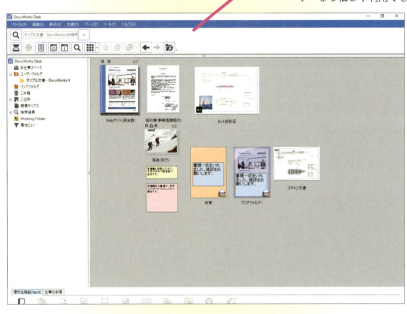

第2章 DocuWorks文書を整理する

DocuWorksには、取り込んだファイルを効率的に管理するための機能が豊富に用意されています。これらの機能を活用すれば、情報を分類・整理する際の手間を大幅に軽減できます。この章では、DocuWorksで文書を管理する基本機能を解説します。

●この章の内容

- ⑩ DocuWorksでファイルを整理しよう……………………38
- ⑪ DocuWorks Deskにフォルダを作るには……………40
- ⑫ 元の形式のままファイルを取り込むには………………42
- ⑬ ファイルを探すには……………………………………44
- ⑭ 複数の文書をひとまとめにするには……………………46
- ⑮ 文書をバインダーにまとめるには………………………48
- ⑯ バインダーの中身の並び順を変えるには………………52
- ⑰ バインダーからファイルを取り出すには………………54
- ⑱ 封筒やクリアフォルダーに入れて
  情報をまとめるには……………………………………56
- ⑲ PDFを作成するには……………………………………60
- ⑳ DocuWorks文書を紙に印刷するには…………………62
- ㉑ 紙の文書をDocuWorks Deskに取り込むには………64
- ㉒ ゼロックスの複合機から文書を取り込むには…………66
- ㉓ 文書を暗号化して保護するには…………………………70

レッスン 10

DocuWorksでファイルを整理しよう

DocuWorks Deskの活用

DocuWorks DeskはDocuWorksでの作業の起点です。デジタルデータや紙の書類の取り込みと整理、検索などの操作はこのアプリで行います。

さまざまな機能を使ってファイルを整理できる

DocuWorks Deskは、Windowsのエクスプローラーと同様にフォルダを使ってファイルを整理できます。また、複数の文書を1つに「束ねる」機能や、ひとまとめに管理するバインダー、入れ物などの機能が用意されており、情報の種類やプロジェクトなどによって分類・整理することが可能になっています。

▶キーワード

DocuWorks Desk	p.168
DocuWorks入れ物	p.168
DocuWorks文書	p.168
PDF	p.168
暗号化	p.168
入れ物	p.168
束ねる	p.169
バインダー	p.169
ファイル	p.169
フォルダ	p.169
ユーザーフォルダ	p.169

フォルダによる分類が可能

サムネールを見ながら直感的に文書を整理できる

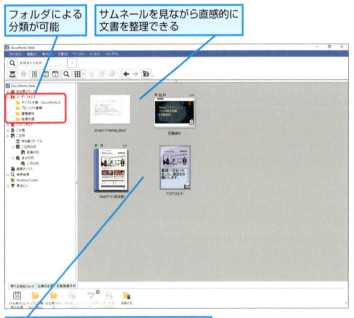

文書／ファイルをひとまとめにする3種類の機能を使い分けて、文書を整理できる

キーワードで文書を検索することが可能

HINT! サンプル文書を活用してDocuWorksに慣れよう

DocuWorks Deskの「ユーザーフォルダ」には、サンプル文書が複数保存された「サンプル文書－DocuWorks 9」フォルダがあります。DocuWorksの機能を試すとき、ここにあるファイルを利用して、どのような効果があるのかを確かめるとよいでしょう。

いろいろなファイル形式を管理できる

DocuWorks Deskは、WordやExcel、PowerPointで作成したファイルや画像、PDFなど、DocuWorks Desk文書以外のファイルもまとめて管理することができます。「入れ物」には、DocuWorks文書以外のファイルも入れられるので、特定の案件に関する資料を種類にかかわらずひとまとめにして管理することも可能です。またスキャナや複合機などと組み合わせることで、紙の書類をデジタル化して取り込めるほか、利用方法に制限を加えたいファイルを暗号化して保護できることも、DocuWorksを使った文書管理の大きなメリットです。

DocuWorksではPDFファイルも扱える

DocuWorks Deskは、PDFファイルも扱うことができます。PDFとは、「Portable Document Format」の略で、アドビシステムズが開発したファイル形式です。DocuWorks Deskでは、PDFファイルを管理できるほか、DocuWorks文書と同様にファイルをひとまとめにしたり、ページを回転したりすることが可能です。

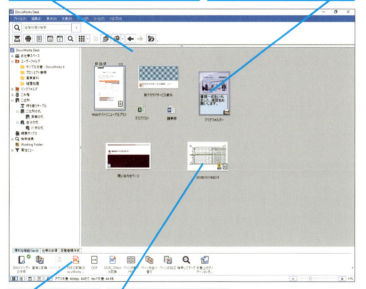

DocuWorks文書のほか、MicrosoftOfficeのファイルや写真、PDFなど、さまざまな形式のファイルを管理できる

[DocuWorks入れ物]にはさまざまなファイルを収納可能

DocuWorksからPDFも作成可能

機密性の高いファイルは暗号化して保護できる

セキュリティ機能で文書の操作を制限できる

Point
多彩な機能を使い分けてファイルを整理する

紙の書類を整理するとき、フォルダやクリアファイル、バインダー、封筒など、さまざまなツールを使い分けます。DocuWorks Deskでも、Windowsのエクスプローラーと同様にフォルダを使って分類できるのはもちろん、ファイルを「分類」するためのさまざまな機能を使い分けることができます。このように豊富な機能が用意されていることで、自分なりに工夫してファイルを整理できることは、DocuWorks Deskの大きな魅力のひとつです。

レッスン 11

DocuWorks Deskにフォルダを作るには

新規フォルダの作成

DocuWorks Deskでは、フォルダを利用したファイルの整理が可能です。自由にフォルダを作成できるユーザーフォルダを活用して情報を適切に分類しましょう。

新しいフォルダを追加する

1 フォルダを作成する

レッスン❷を参考にDocuWorks Deskを起動しておく

ここでは[ユーザーフォルダ]の下に新しいフォルダを作る

1 [ユーザーフォルダ]をクリック

2 [ファイル]をクリック
3 [新規作成]をクリック
4 [フォルダ]をクリック

2 フォルダ名を入力する

フォルダが作成された

1 フォルダ名を入力

▶キーワード

DocuWorks Desk	p.168
共有フォルダ	p.168
フォルダ	p.169
ユーザーフォルダ	p.169
リンクフォルダ	p.169

ショートカットキー

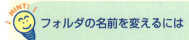

F2 …………… 名前の変更
Delete …………… 削除

HINT! フォルダの名前を変えるには

名前を変えたいフォルダをクリックして選択し、F2キーを押すとフォルダ名を変更できる状態になります。その後、新しい名前を入力してEnterキーを押します。

HINT! フォルダを削除するには

削除したいフォルダをクリックして選択したあと、Deleteキーを押すとフォルダを削除することができます。なお、フォルダ内にファイルがある場合、確認のための画面が表示されます。[はい]をクリックすると、ファイルごとフォルダが削除されます。

⚠ 間違った場合は?

手順2でフォルダの名前を間違って入力した場合は、フォルダをクリックしてF2キーを押し、フォルダ名を入力します。

3 フォルダの作成が完了した

フォルダの名前を変更できた

DocuWorks Desk上のフォルダの役割

DocuWorks Desk上にはあらかじめ以下のフォルダが用意されています。それぞれのフォルダには異なった役割が設定されています。

●ユーザーフォルダ
ユーザーが自由にファイルを配置したり、サブフォルダを作成したりすることができる。

●リンクフォルダ　　　　　　　　　　　➡レッスン㊺
パソコン上の特定のフォルダや、ファイルサーバーの共有フォルダとリンクし、DocuWorks Deskで使えるようにするフォルダ。

●ご近所　　　　　　　　　　　　　　　➡レッスン㊸
同じネットワーク内の別のパソコンと、DocuWorksを介してファイルをやり取りするためのフォルダ。

●親展ボックス　　　　　　　　　　　　➡レッスン㉒
富士ゼロックスのデジタル複合機と連携し、複合機内に保存されているファイルをDocuWorks Deskに取り込む際に利用するフォルダ。

●属性ビュー
文書に含まれる特定の属性（メタデータ）に合致したファイルだけを表示できる。

 フォルダの中にフォルダを作るには

DocuWorks Deskでは、フォルダの中にさらに別のフォルダを作って、階層的にファイルを分類して整理することも可能です。フォルダを右クリックして［新規フォルダの作成］を選ぶと、フォルダの直下にフォルダを作成することができます。

Point
ファイル整理の基本となるフォルダ

Windowsのエクスプローラーと同様、DocuWorks Deskにおいてもファイルの整理における基本となるのがフォルダです。ただフォルダを作りすぎると、結局どのフォルダに必要なファイルがあるのかわかりづらくなってしまいます。そのため、手当たり次第にフォルダを作成するのではなく、案件別、月次別、業務別などのように、事前にフォルダを使ってファイルを整理するためのルールをある程度決めておくとよいでしょう。

レッスン 12

元の形式のまま ファイルを取り込むには

DocuWorks文書以外のファイルの取り込み

DocuWorksでは、DocuWorks文書以外のファイルでも取り込んで管理することが可能です。そのため、DocuWorks文書に変換できないファイルの整理にも使えます。

▶キーワード
DocuWorks文書	p.168
サムネール	p.169
ファイル	p.169

1 ファイルの取り込み画面を開く

ファイルを取り込むフォルダを開いておく

1 [ファイルの取り込み]をクリック

2 取り込むファイルを選択する

[ファイルの取り込み]画面が表示された

1 ファイルをクリック

2 [開く]をクリック

HINT! 取り込んだファイルをDocuWorks文書に変換するには

すでにDocuWorks Deskに取り込んでいるDocuWorks文書以外のファイルは、以下の操作でDocuWorks文書に変換することができます。

1 ファイルを右クリック

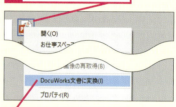

2 [DocuWorks文書に変換]をクリック

[ファイルの取り込み]画面が表示されたら、[はい]をクリックしておく

ファイルの種類によっては[アプリケーションファイルの取り込み]画面が表示されるので、画面の指示に従って作業を進める

HINT! DocuWorks文書以外のファイルのサムネールを表示するには

[ファイル]メニューから[DocuWorksの設定]をクリックし、表示された[環境設定]画面の[DocuWorks Deskの設定]-[表示]を開きます。[指定した種類のサムネールを表示する]をクリックしてチェックマークを付け、[ファイルの種類の指定]をクリックして、サムネールを表示するファイルの種類を設定します。

③ 変換せずにファイルを取り込む

[ファイルの取り込み]画面の表示が切り替わった

1 [DocuWorks文書に変換せずにファイルを取り込む]をクリックしてチェックマークを付ける

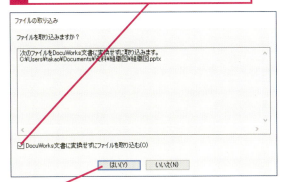

2 [はい]をクリック

④ ファイルの取り込みが完了した

ファイルが取り込まれた

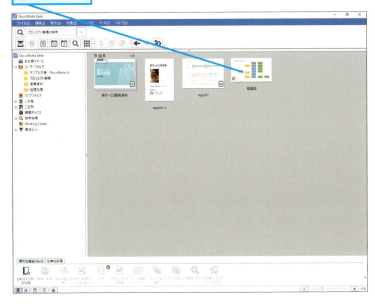

HINT! ファイルのドラッグでも元の形式のまま取り込める

Windowsのエクスプローラー上のファイルをDocuWorks Deskにドラッグすると、手順3の[ファイルの取り込み]画面が表示されます。この際、[DocuWorks文書に変換せずにファイルを取り込む]をクリックしてチェックマークを付けておけば、元の形式のままファイルを取り込めます。また、Ctrlキーを押しながらファイルをDocuWorks Deskにドラッグすると、手順3を介さずに直接そのままの形式で取り込むことが可能です。

HINT! DocuWorks文書以外のファイルを開こうとするとどうなる？

このレッスンの手順に従って取り込んだDocuWorks文書以外のファイルは、DocuWorks Desk上でダブルクリックすれば、もちろん開くことが可能です。ただし、閲覧にはDocuWorks Viewerを利用するのではなく、そのファイル形式に対してWindowsで関連付けられているアプリケーションが利用されます。

Point

編集途中のファイルもDocuWorks Deskで管理する

DocuWorks Deskを使ってファイルを整理するようになると、DocuWorks文書のものだけでなく、それ以外のファイルもまとめて管理したくなります。たとえば、会議の模様を録音した音声データのようなファイルは、DocuWorks文書化できませんが、会議の書類などと一緒に管理すべきファイルではあります。DocuWorks Deskには、DocuWorks文書以外の形式のファイルを保管することが可能なので、音声や映像、DocuWorks Printerでは変換できないような3次元CADデータなどの特殊なファイルも、案件や用途でまとめて一括管理することが可能です。

レッスン 13

ファイルを探すには

検索

DocuWorks Deskの検索機能を利用すれば、目的のファイルを素早く探し出すことができます。ここでは、検索機能の使い方について解説します。

1 [検索]画面を表示する

DocuWorks Deskを表示しておく

1. [編集]をクリック
2. [検索]をクリック

Ctrl+Fキーで検索することもできる

3. [通常検索を利用する]をクリック

▶キーワード

PDF	p.168
入れ物	p.168
ファイル	p.169

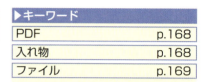
ショートカットキー

F3 …………… 検索

検索対象を細かく指定するには

[検索]画面の[DocuWorks文書のテキスト検索]、または[PDF文書のテキスト検索]の各チェックボックスで、検索する対象を指定できます。

2 テキストを検索する

[検索]画面が表示された

ここでは、文書内のテキストを検索する

1. [テキスト]をクリック
2. キーワードを入力
3. [検索開始]をクリック

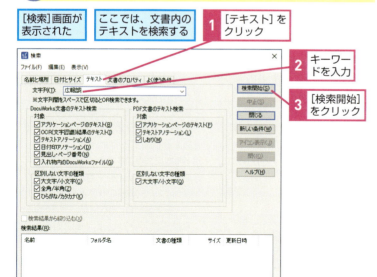

文書名で検索を行うには

[検索]画面の[名前と場所]タブで、文書名だけを対象に検索を行うことができます。

1. [名前と場所]をクリック
2. キーワードを入力
3. [検索開始]をクリック

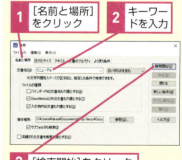

③ ファイルを表示する

検索結果が表示された

1 ファイルをダブルクリック

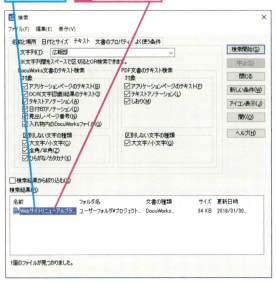

1個のファイルが見つかりました。

④ 検索キーワードが表示された

DocuWorks Viewerが起動して、ファイルが表示された

検索キーワードがハイライト表示された

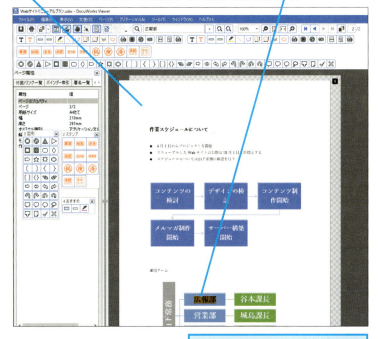

DocuWorks Viewerの[検索]画面の[閉じる]をクリックしておく

HINT! 検索条件を保存するには

同じ検索を何度も繰り返して行う場合は、検索条件を保存しておくと便利です。検索を行ったあと、[よく使う条件]タブを表示して[登録]をクリックすると、検索条件を保存しておくことができます。

1 [よく使う条件]をクリック

2 [登録]をクリック

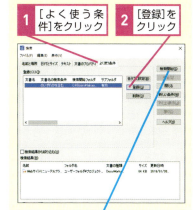

検索結果が保存された

再度同じ検索を行うには、[登録リスト]から検索条件を選択し、[検索開始]をクリックする

Point

使い勝手のよい検索機能を活用して分類の手間を軽減する

DocuWorks Deskは文書名のほかに、文書に含まれるキーワードでの検索が可能です。またさまざまな条件を付加でき、目的の文書を素早く探し出せます。この仕組みを利用し、あまり細かく入れ物やフォルダを使って文書を分類せず、おおざっぱに文書をまとめておき、過去の文書を参照するときは検索して探すという利用スタイルもあり得るでしょう。

レッスン 14 複数の文書をひとまとめにするには

束ねる

DocuWorks Deskでは、複数のファイルを1つに束ねて管理することができます。同じ目的のファイルをまとめて整理しておきたい、といった場面で便利です。

ファイルを束ねる

1 ファイルの取り込み画面を開く

| 束ねたいファイルがあるフォルダを開いておく | ここでは2つのファイルを束ねる | 1 ワークスペースをドラッグ |

2 [束ねる]をクリック

2 複数のファイルをひとまとめに束ねられた

複数のファイルが束ねられた

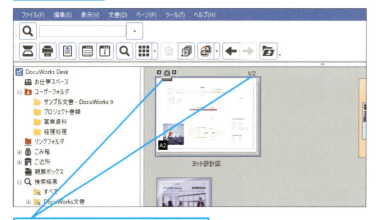

◆束ねる
サムネールの左上にクリップのアイコン、右上にページ数が表示される

▶キーワード

DocuWorks入れ物	p.168
DocuWorks文書	p.168
PDF	p.168
サムネール	p.169
束ねる	p.169
ページ	p.169

複数ページのDocuWorks文書

複数ページからなるDocuWorks文書の使い方はすでに説明しましたが、複数ページあるDocuWorks文書とは、このレッスンのように単ページのDocuWorks文書を複数あつめて「束ねる」した状態と同じものです。そのため、あとから「ばらす」ことも可能となっており、各ページを単一のDocuWorks文書として取り出せます。

「束ねる」はどう使うの？

複複数のファイルを1つのファイルとしてまとめるのが「束ねる」機能です。DocuWorks Deskでは、DocuWorks文書だけでなく、PDF文書も束ねて管理でき、束ねるためだけにPDFファイルをDocuWorks文書に変換する必要はありません。ファイル形式を問わずにまとめたいときには、レッスン⑱で解説する「DocuWorks入れ物」機能を利用します。

ドラッグ操作だけでも[束ねる]ことができる

このレッスンの手順では、束ねたいファイルを選択してから[束ねる]ボタンで束ねましたが、ワークスペース部上でDocuWorks文書をほかの文書の上にドラッグすることでも束ねることが可能です。

束ねたファイルの中身を参照する

1 束ねたファイルを開く

開きたい束ねたファイルが
あるフォルダを開いておく

1 束ねたファイルを
ダブルクリック

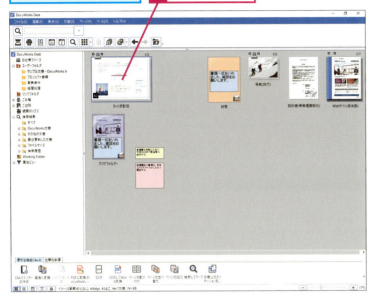

2 束ねたファイルの内容を確認する

DocuWorks Viewerで
束ねた文書が開いた

ページ送りボタンで表示する
文書を切り替えられる

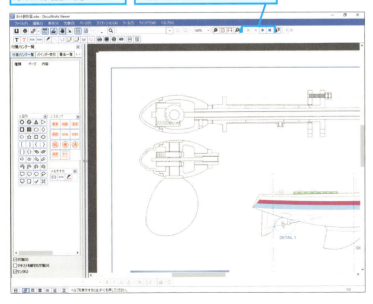

 束ねた文書を「ばらす」には

「束ねる」を使って1つにまとめたファイルは、[ばらす]機能を利用すれば、簡単に各ページ単一のファイルに分割できます。

1 分割するファイル
をクリック

2 [ばらす]を
クリック

ファイルが分割される

ばらした直後はファイルが
重なっているので、ファイ
ルを並べ替える

Point

複数のファイルを
1つにまとめて整理

チームで仕事に取り組むと、複数のユーザーが個別でファイルを複数作ることになります。このファイルをあとで1つにまとめる、といった作業が発生するケースがあるでしょう。そうした際、[束ねる]機能を使えば、元のデータを作っていたアプリケーションを考慮することなく、素早く1つのまとまったファイルを用意することが可能です。束ねたファイルは、通常のDocuWorks文書と変わりはありませんので、まとめてプリントアウトしたり、アノテーションを付けたりすることも可能なため、配付資料を作成する場面などにも重宝します。

レッスン 15

文書をバインダーにまとめるには

DocuWorksバインダー

複数のDocuWorks文書をまとめて管理したい場合、ファイルを「束ねる」方法のほか、「DocuWorksバインダー」でひとまとめにする方法もあります。

バインダーに文書をまとめる

1 バインダーを作成する

バインダーを作成するフォルダを開いておく

1. [ファイル]をクリック
2. [新規作成]をクリック
3. [DocuWorksバインダー]をクリック

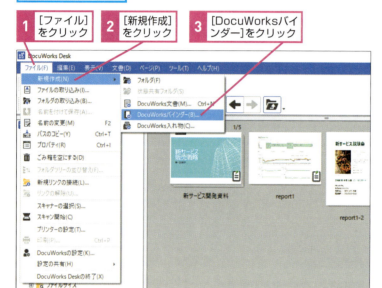

▶キーワード

DocuWorksバインダー	p.168
サムネール	p.169
束ねる	p.169
バインダー	p.169
ページ	p.169

HINT! 「バインダー」ってなに？

「バインダー」は複数のファイルをまとめることができる仕組みです。「束ねる」との大きな違いは、「バインダー」は元の文書の構造を保持できることです。「束ねる」では文書をばらすと1ページ単位になりますが、「バインダー」では元の文書の構造を維持したままばらせます。この違いを把握して、2つの機能を使い分けましょう。

2 バインダーの設定をする

[新規作成]画面が表示された

1. [▼]をクリックして、バインダー内の用紙サイズを選択

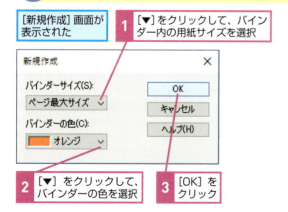

2. [▼]をクリックして、バインダーの色を選択
3. [OK]をクリック

HINT! バインダーの色を変えるには

バインダーは、作成後に色を変更することも可能です。色を変えたいバインダーを右クリックして、表示されるメニューから[プロパティ]をクリックします。表示される[文章のプロパティ]画面から変更する色を選択します。

1. [バインダーの色]の[▼]をクリック

2. 色をクリック

3 バインダーに名前を付ける

新しいバインダーが作成された　◆バインダー　1 バインダーの名前を入力

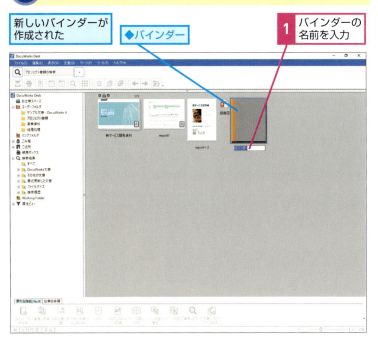

HINT! 別のフォルダにあるバインダーにファイルを収納するには

バインダーへのファイルの追加は、［バインダーの索引］画面でも行うことができます。この際、以下のように操作することで別のフォルダにあるファイルを取り込めます。

1 バインダーを右クリック

2 ［バインダーの索引を表示］をクリック

［バインダーの索引］画面が表示された

3 ［ファイル］をクリック

4 ［文書の取り込み］をクリック

［ファイルの取り込み］画面が表示されるので、目的のフォルダを開いてファイルを選ぶ

4 バインダーに文書を格納する

バインダーの名前が変更された　1 ファイルをバインダーにドラッグ

バインダーに文書が収納された　手順3～4の操作を繰り返して、文書をバインダーに収納する

次のページに続く

バインダーの内容を確認する

1 バインダーを開く

バインダーが収納された
フォルダを開いておく

1 バインダーをダブル
クリック

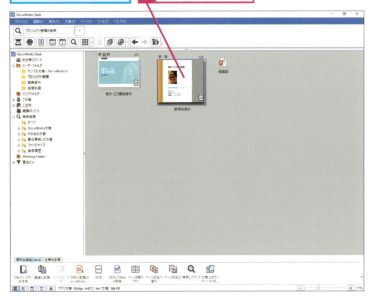

2 バインダーが開いた

DocuWorks Viewerが起動し、
バインダーの内容が表示された

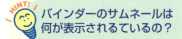
バインダーのサムネールは何が表示されるているの？

バインダーには複数の文書が収納できるため、サムネールには通常、先頭に収納されている文書の1ページ目が表示されています。ただし、サムネール上部に表示されている左右のアイコンをクリックすると、サムネールの内容をページ単位で切り替えることができます。

左右のアイコンをクリックするとサムネールに表示するページを切り替えられる

間違った場合は？

手順1で表示するバインダーを間違えた場合は、DocuWorks Viewerを閉じて、改めて正しいバインダーをダブルクリックします。

3 ページをめくる

バインダーを表示しておく

1 [次のページ]をクリック

次のページが表示された

各ページ送りボタンの操作で前のページ、文書の最初または最後のページに切り替えられる

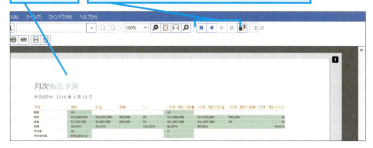

4 一覧から表示するファイルを切り替える

バインダーを表示しておく

1 [バインダー索引]をクリック

2 文書をダブルクリック

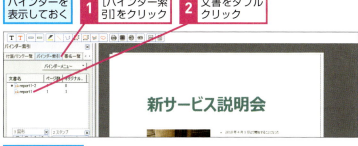

選択した文書が表示された

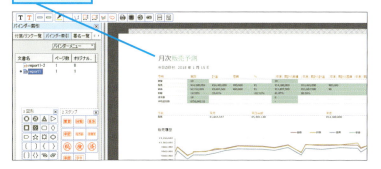

HINT! バインダーの特定の位置にファイルを追加するには

ファイルをワークスペース部からバインダーの索引にドラッグすると、バインダー内の特定の位置にファイルを追加できます。

[バインダーの索引]を表示しておく

1 ファイルをドラッグ

ドラッグした位置にファイルが追加された

2 [保存して閉じる]をクリック

Point 「束ねる」と「バインダー」を使い分ける

「バインダー」も「束ねる」機能と同じく複数のファイルを1つにまとめる機能ですが、大きな違いとなっているのは、まとめるときの単位です。「束ねる」はページ単位で1つのファイルに集約しますが、バインダーの場合はファイル単位でまとめることになります。このため、あとで情報を取り出すときも、「束ねる」はページ単位、バインダーはファイル単位になります。まとめたあとのファイルの使い方に応じて、「束ねる」とバインダーを使い分けましょう。

レッスン 16 バインダーの中身の並び順を変えるには

バインダーの索引

DocuWorksのバインダーは、実際のバインダーと同じように中の文書の順番を入れ替えられます。追加・更新日時や内容などに応じて並べ替えて整理しましょう。

1 バインダーの索引を表示する

目的のバインダーがあるフォルダを開いておく

1 バインダーを右クリック
2 [バインダーの索引を表示]をクリック

▶キーワード

サムネール	p.169
バインダー	p.169
ファイル	p.169

> **HINT!** あらかじめ順番を指定してバインダーにファイルを追加する
>
> バインダーにファイルを追加する際、Shiftキーを押しながら選択、またはドラッグで複数のファイルを範囲選択することで、まとめて登録できます。この際、バインダーに登録される順番は、複数選択するときにファイルを選択した順番になります。

2 ファイルの順番を入れ替える

[バインダーの索引]画面が表示された

バインダーに収納しているファイルの一覧が表示された

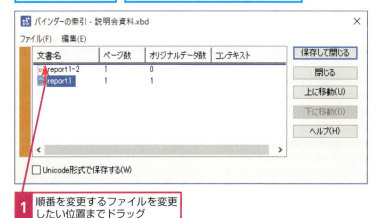

1 順番を変更するファイルを変更したい位置までドラッグ

> **HINT!** バインダーの索引を素早く開くには
>
> バインダーのアイコンの「背」をダブルクリックすると、バインダーの索引を素早く開くことができます。
>
> ◆バインダーの「背」
>
>

❸ 順番が変わった

ファイルの順番が変わった

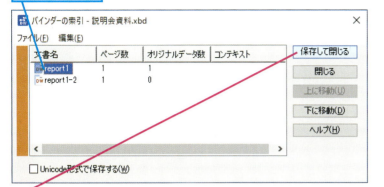

1 [保存して閉じる]をクリック

❹ サムネールが変更された

バインダーの先頭のファイルを入れ替えたため、表示されるサムネールが変更された

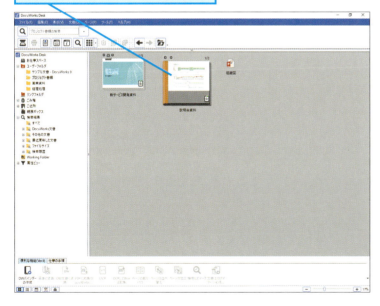

HINT! 文書名やページ数でバインダー内のファイルを並べ替えるには

バインダーの索引で、リストの上にある［文書名］や［ページ数］をクリックすると、それぞれの項目でファイルを並べ替えられます。

［バインダーの索引］を表示しておく

1 [文書名]をクリック

文書名でファイルが並び替えられた

2 [保存して閉じる]をクリック

再度[文書名]をクリックすると、昇順／降順を切り替えられる

16 バインダーの索引

Point

異なるアプリで作成した文書を1か所に集めて管理する

提案資料を作成する際、PowerPointを使ってプレゼンテーション資料を作成し、さらに見積やスケジュール表などの捕捉資料を作るためにExcelを利用するなど、1つの資料を作るために複数のアプリを利用する、というケースはよくあります。バインダーを使えば、こうした複数の資料を1つにまとめて管理できるほか、順番を入れ替える作業も簡単に行えます。こうした使い方ができることもバインダーの特徴です。

レッスン 17

バインダーから
ファイルを取り出すには

バインダーのファイル移動

バインダーに収納したファイルは、必要なときに単体のファイルとして取り出せます。収納したファイルの操作は、バインダーの索引画面を利用します。

① バインダーの索引を表示する

DocuWorks Deskで目的のバインダーがあるフォルダを開いておく

1 バインダーを右クリック

2 ［バインダーの索引を表示］をクリック

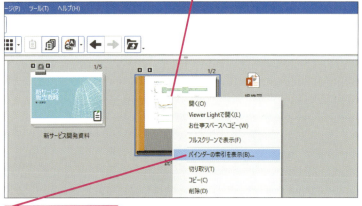

② バインダーからファイルを取り出す

［バインダーの索引］画面が表示された

1 ファイルをワークスペース部にドラッグ

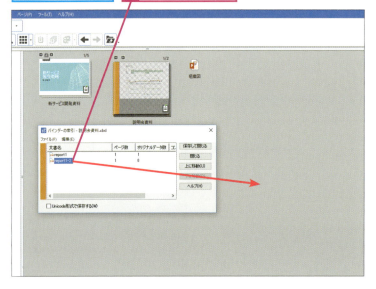

▶キーワード

バインダー	p.169
ファイル	p.169

HINT! バインダー内のファイルを削除するには

［バインダーの索引］画面を開き、削除するファイルを選択して[Delete]キーを押します。

［バインダーの索引］画面を表示しておく

1 ファイルをクリック　2 [Delete]キーを押す

選択したファイルが削除された

3 ［保存して閉じる］をクリック

 間違った場合は？

手順4で間違ったファイルをバインダーから取り出した場合は、ファイルをバインダーにドラッグして元に戻し、手順1からやり直します。

③ ファイルが取り出せた

ファイルがワークスペース部に異動した

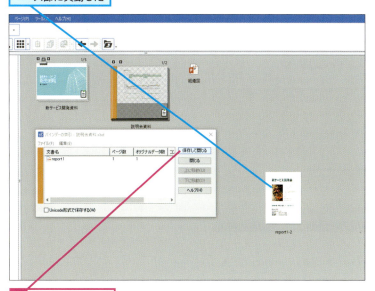

1 [保存して閉じる]をクリック

④ 取り出したファイルを確認する

バインダー内のファイルが取り出され、単独のファイルとしてワークスペース部に表示された

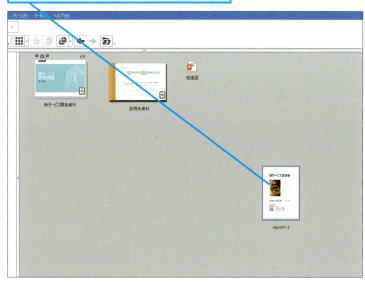

HINT! バインダー内で文書を複製するには

バインダー内に保存した文書は、同じバインダーの中で複製できます。文書を編集したり注釈を付けたりする際、オリジナルの文書を別途残しておきたいときなどに便利です。

1 ファイルをクリック

2 [編集]をクリック　**3** [コピー]をクリック

4 [編集]-[貼り付け]をクリック

バインダーの中でファイルが複製される

Point

フォルダとは異なる観点でファイルを整理できる

たとえばプロジェクトに関する資料をバインダーを使ってまとめておき、そのうちの一部のファイルが更新されたら、過去のファイルを取り除いて新しいファイルをバインダーに納めるなど、ファイル単位で柔軟に操作できるのはバインダーの便利な点の1つです。このように複数のファイルをまとめて管理することを可能にしつつ、DocuWorks Viewerでは単一の文書のように扱うことができます。複数のファイルが複数のファイルのまま収まるフォルダとは異なる観点からファイルを整理できるので、フォルダとの使い分けルールを考えて、効果的にファイルをまとめましょう。

レッスン 18

封筒やクリアフォルダーに入れて情報をまとめるには
DocuWorks入れ物

DocuWorks Deskには、複数のファイルをまとめる別の手段として「DocuWorks入れ物」という機能もあります。ここにはファイル形式を問わずなんでも収納できます。

DocuWorks入れ物にファイルを収納する

1 DocuWorks入れ物を作成する

DocuWorks入れ物を作成するフォルダを開いておく

▶キーワード

DocuWorks入れ物	p.168
サムネール	p.169
バインダー	p.169

HINT! 「DocuWorks入れ物」ってなに？

DocuWorks入れ物は、DocuWorks 8で追加された機能で、DocuWorks文書のファイルやバインダー、そのほか任意のファイルを格納することができます。また、入れ物の中に入れ物を格納することも可能です。

HINT! 入れ物とバインダーの違い

バインダーには、たとえばWordやExcel、PowerPointで作成したファイルなどを格納することはできませんが、入れ物はそれらのファイルも格納できます。またバインダーは格納したファイルをまとめて印刷することが可能ですが、入れ物は格納したファイルをまとめて印刷することはできないなどの違いがあります。

2 入れ物の種類を指定する

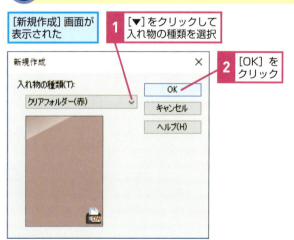

HINT! クリアフォルダーと封筒の違い

入れ物を作成する際に、入れ物の種類としてクリアフォルダーを選択すると、先頭にあるファイルのサムネールが透けて表示されます。封筒の場合は格納したファイルのサムネールは表示されません。

◆封筒
中身のファイルは見えない。封筒の表面には付箋が貼れる

③ DocuWorks入れ物に名前を付ける

| 新しいDocuWorks入れ物が作成された | 1 DocuWorks入れ物の名前を入力 |

④ DocuWorks入れ物にファイルを収納する

| DocuWorks入れ物の名前が変更された | 1 ファイルをDocuWorks入れ物にドラッグ |

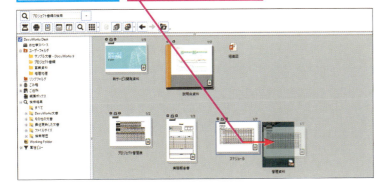

⑤ DocuWorks入れ物の内容を確認する

| ファイルがDocuWorks入れ物に収納された | 1 DocuWorks入れ物をダブルクリック |

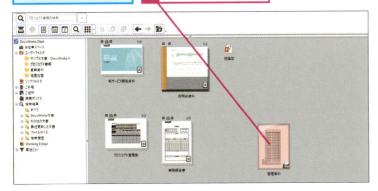

HINT! 入れ物の中のファイルを削除するには

入れ物に格納したファイルを削除するには、以下のように操作します。

1 入れ物を右クリック

2 [入れ物の内容の操作]をクリック

[内容]画面が表示された

3 ここを下にドラッグして、削除するファイルを表示

4 ファイルをクリック　**5** Deleteキーを押す

確認を求める画面が表示された　**6** [はい]をクリック

ファイルが削除された

7 [保存して閉じる]をクリック

次のページに続く

18 DocuWorks入れ物

できる 57

❻ 入れ物の内容が表示された

DocuWorks Viewerが起動し、入れ物の内容が表示された

入れ物の中に入っているファイルやバインダーはダブルクリックして開く

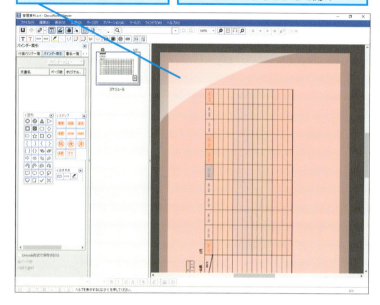

💡HINT! 入れ物の名前を変更するには

作成した入れ物は、後から自由に名前を変更することができます。

1 入れ物を右クリック

2 [名前の変更]をクリック

3 名前を入力　**4** Enterキーを押す

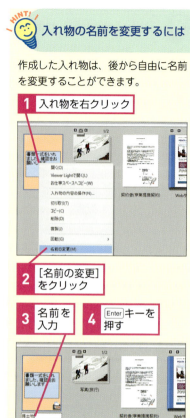

入れ物の中のファイルを取り出す

DocuWorks入れ物の中に収納したファイルは、いつでも単独のファイルとして取り出せます。入れ物の中に入れておく必要はなくなったが別の機会に利用する、などといった場合はいったん取り出してフォルダ上に置いておきましょう。

収納ファイル一覧を開く

DocuWorks入れ物があるフォルダを開いておく

1 入れ物を右クリック

2 [入れ物の内容の操作]をクリック

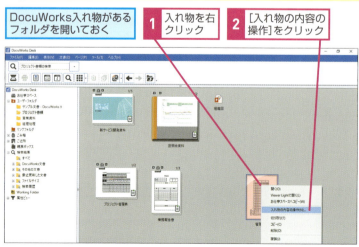

❷ 取り出すファイルを選ぶ

| [内容]画面が表示された | 1 ファイルをワークスペースにドラッグ |

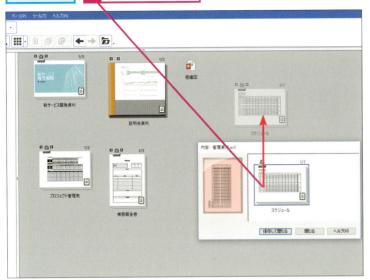

HINT! 入れ物にタイトルや作成者、ユーザー定義情報などを登録する

入れ物を右クリックして[プロパティ]を選択すると、入れ物のプロパティ画面が表示されます。その中の[概要]や[ユーザー定義]タブをクリックすると、タイトルや作成者、あるいは有効期限などのユーザー定義情報を入力することができます。

HINT! 入れ物に格納できるファイルの容量

1つの入れ物に格納できるファイルの総容量は1GBまでとなります。なお、パソコンのメモリーやディスク容量が不足している場合、1GBに満たない場合でもファイルの追加や編集、取り出しに失敗する場合があります。

❸ ファイルを取り出せた

| ファイルがワークスペース部に配置された | 1 [保存して閉じる]をクリック |

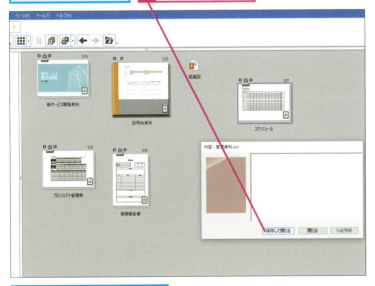

[内容]画面が閉じ、DocuWorks Deskの画面に戻る

Point DocuWorks入れ物はファイルの種類を気にせずに集約できる

DocuWorks入れ物はバインダーと同じくファイル単位で複数のファイルを集約できる仕組みですが、大きく異なるのはさまざまなファイルを収納できる点です。このため、WordやExcelなどで作成したファイルと、DocuWorks文書をまとめて収納できるほか、バインダーも含めることができます。「長期間保管したい情報を関連する資料とともに収納する」、「作業中のファイルやバインダーなどをすべてまとめて管理したい」など、非常に多くの場面や用途に活用できる機能と言えます。フォルダとも組み合わせて、用途に応じた整理方法を心がけましょう。

レッスン 19

PDFを作成するには

PDFに変換

DocuWorks Deskでは、登録したファイルをPDF形式に変換することができます。ファイルをほかの人に送りたい場面などで便利に使えます。

1 変換したいファイルを指定する

PDFに変換するファイルがあるフォルダを開いておく

1 ファイルをクリック
2 [PDFに変換]をクリック

▶ キーワード

PDF	p.168
お仕事バー	p.168

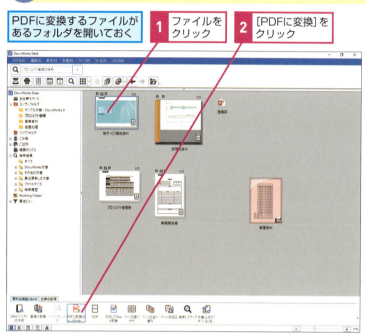

2 変換が始まった

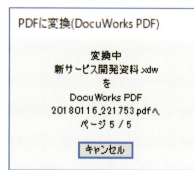

変換作業が始まった

1 変換作業が完了するのを待つ

HINT! アプリケーションから直接PDFファイルを作成するには

DocuWorksをインストールすると、各アプリから直接PDFファイルを作成するためのプリンタドライバが自動的に組み込まれます。これを使ってPDFを作成し、DocuWorks Deskに登録することもできます。

アプリの印刷画面を表示しておく

1 [プリンター]の[▼]をクリックして、[DocuWorks PDF]を選択

[PDFファイルに名前を付けて保存]画面が表示されるので、[ファイルの種類]が[PDF File]になっていることを確認して保存する

HINT! 設定が異なるPDFを作成するには

DocuWorks 9のお仕事バーでは、設定内容の異なる「PDFに変換」ボタンを複数登録できます。たとえば、カラー出力とモノクロ出力の「PDFに変換」ボタンを作成しておくと、用途に応じて使い分けられます。

変換設定の異なる「PDFに変換」ボタンを複数登録できる

PDF変換（カラー高解像…）　PDF変換（モノクロ）

③ PDFを表示する

ファイルがPDF形式に変換された

作成されたPDFは同じフォルダに置かれる

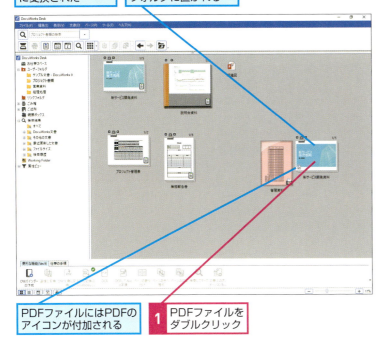

PDFファイルにはPDFのアイコンが付加される

1 PDFファイルをダブルクリック

④ PDFファイルが表示される

PDFに関連付けされたアプリが起動してファイルが表示された

 書類を画像ファイルに変換するには

［便利な機能］には、PDF変換のほかにも、実際の業務や作業に役立つ機能がまとめられています。たとえば、［画像に変換］を利用すると、選択したファイルを簡単に画像形式で出力できます。ほかのアプリで資料を作るときなどに、文書の内容を貼り付けて引用すると便利です。

1 ファイルをクリック

2 ［便利な機能］をクリック

3 ［画像に変換］をクリック

［イメージ変換出力］画面が表示されるので、［形式］や［保存先］などを設定して保存する

Point

汎用性の高いPDFファイルが即座に作成できる

PDFは、作成したファイルを外部に送信するなど、ファイルをやり取りする際のフォーマットとして広く使われています。DocuWorks Deskであれば、PDFファイルをそのほかのファイルと同様に管理することができるほか、必要なときに即座に作成することが可能です。そこで原本として管理するファイルはDocuWorks文書で保存、社外の人にメールでファイルを送るといった場面ではPDFに変換して送信など、状況に応じて使い分けましょう。

レッスン 20

DocuWorks文書を紙に印刷するには

印刷

DocuWorksで管理しているファイルは、DocuWorks Deskの簡単な操作で印刷できます。またDocuWorks Viewerでファイルを確認後に印刷することも可能です。

▶キーワード

DocuWorks文書	p.168
PDF	p.168
入れ物	p.168
プレビュー	p.169

ショートカットキー

Ctrl + P ……… 印刷

[プリンターの設定]画面を表示する

印刷するファイルがあるフォルダを開いておく

 [ファイル]をクリック

 [プリンターの設定]をクリック

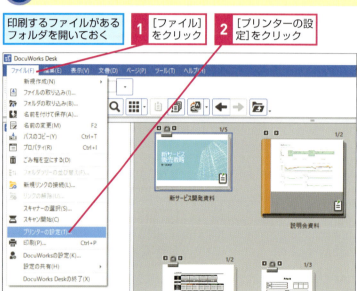

[詳細設定]画面を開く

[プリンターの設定]画面が表示された

 [詳細設定]をクリック

💡 DocuWorks Viewerでも印刷できる

DocuWorks Viewerの場合、開いている文書を印刷できます。基本的な操作には大きな違いはありませんが、印刷プレビューが簡単に確認できます。

 [ファイル]をクリック

 [印刷プレビュー]をクリック

💡 バインダーを印刷するとどうなる？

バインダーを選択して印刷すると、含まれているすべてのファイルが出力されます。なお、入れ物は直接印刷することはできません。

③ 印刷の詳細設定を行う

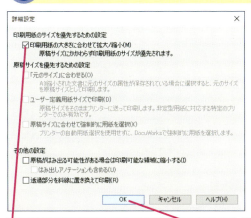

[詳細設定]画面が表示された

ここで用紙サイズや拡大・縮小の詳細設定ができる

1 [印刷用紙の大きさに合わせて拡大／縮小]をクリックしてチェックマークを付ける

2 [OK]をクリック

[プリンターの設定]画面が表示されたら、[OK]をクリックしておく

④ [印刷]画面を表示する

DocuWorks Deskの画面に戻った

1 [印刷]をクリック

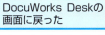

⑤ 印刷する

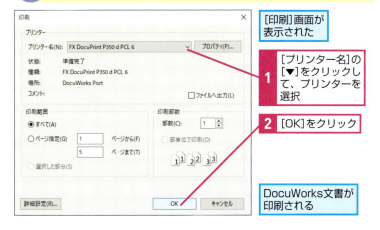

[印刷]画面が表示された

1 [プリンター名]の[▼]をクリックして、プリンターを選択

2 [OK]をクリック

DocuWorks文書が印刷される

HINT! 複数のプリンタの設定を登録しておくには

「イージープリンタ」は、印刷に利用するプリンターや印刷設定を登録しておくことができる機能です。用途ごとにボタンを用意すれば、いちいち設定画面を開くことなく印刷できます。設定するには「ツール」メニューから[ツールの設定]をクリックし、以下のように設定します。

1 [イージープリンタ]をクリック

2 ツールバーかお仕事バーにドラッグ

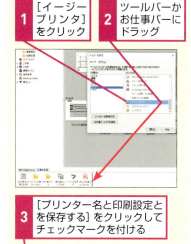

3 [プリンター名と印刷設定とを保存する]をクリックしてチェックマークを付ける

4 [OK]をクリック

Point

DocuWorks Deskを使ってダイレクトに印刷する

ほとんどの書類がパソコンで作成されるようになっても、人に書類を見せる場面は、プリンターを使って紙に印刷することが多いものです。DocuWorksは、DocuWorks DeskとDocuWorks Viewerのいずれでも印刷が可能なので、最短距離で目的の文書が印刷できます。なお、DocuWorksから印刷できるファイルは、DocuWorks文書とバインダーの2種類です。Microsoft Officeで作ったファイルやPDFは、それぞれのアプリから印刷します。

レッスン 21

紙の文書をDocuWorks Deskに取り込むには

紙文書の取り込み

パソコンのファイルを自在に管理できるだけでなく、DocuWorks Deskはスキャナを利用して紙文書の管理にも役立てられます。紙の資料の保管・再利用に便利です。

1 [ソースの選択] 画面を表示する

スキャンする紙文書を保管するフォルダを開いておく

1 [ファイル]をクリック
2 [スキャナの選択]をクリック

▶キーワード

OCR	p.168
入れ物	p.168
スキャン	p.169

 DocuWorks Deskで利用できるスキャナは？

DocuWorks Deskで紙文書を取り込むには、「TWAIN」に対応したスキャナが必要です。USB接続、ネットワーク接続いずれのタイプも利用できます。なお、スキャナを使用する前に、スキャナのドライバなどをインストールしておきましょう。

2 スキャナを選択する

[ソースの選択] 画面が表示された

1 スキャナを選択

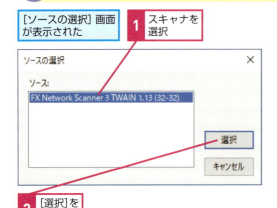

2 [選択]をクリック

 いつも決まったスキャナを使う場合は

インストールしてあるスキャナが1台の場合など、いつも決まったスキャナを利用する場合は、手順2のスキャナ選択は必要ありません。手順3から作業を開始してください。

③ 文書を取り込む

DocuWorks Deskの画面に戻った

1 [スキャン開始]をクリック

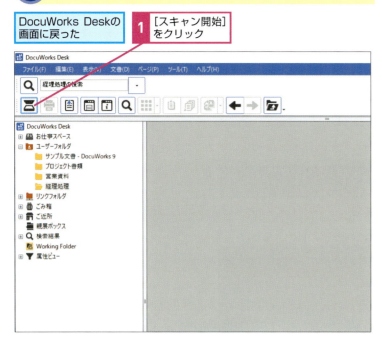

スキャナのアプリが起動する

アプリの指示に従い紙の文書をスキャンしておく

④ 紙文書の取り込みが完了した

DocuWorks Deskに紙の文書が取り込まれた

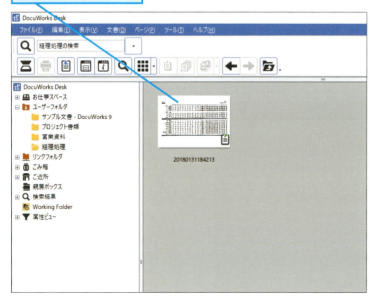

HINT! スキャナで取り込んだ文書にOCR処理を適用するには

スキャナで文書を取り込むときに、自動的にOCR処理を行うように設定しておくことが可能です。

1 [ファイル]をクリック

2 [DocuWorksの設定]をクリック

3 [スキャン取り込み]をクリック

4 [スキャン文書にOCR（文字認識）の処理をする]をクリックしてチェックマークを付ける

5 [OK]をクリック

Point

紙の書類をDocuWorksで管理して効率を向上する

紙の書類をDocuWorks Deskで管理する利点は、物理的なスペースを使わずに保存できること、そしてデジタルデータと同様にパソコン上で管理することが可能になる、という点です。DocuWorks Deskで関連する資料をフォルダや入れ物にまとめて整理でき、さらにOCRを利用すればテキストの再利用が容易になります。紙を整理するより検索性にも優れるため、文書管理の効率は紙のままで保管するよりも、ぐっと高まります。

レッスン 22 ゼロックスの複合機から文書を取り込むには

親展ボックス

DocuWorks 9は、富士ゼロックスの複合機との連携が可能です。複合機でデジタル化して「親展ボックス」に保管したデータをDocuWorksで利用してみましょう。

複合機に書類を取り込む

▶キーワード

OCR	p.168
サムネール	p.169
スキャン	p.169

1 スキャナ機能を起動する

ここでは富士ゼロックスの複合機「ApeosPort-VI C3371」でスキャンを行う

「ApeosPort-VI C3371」で親展ボックスを準備しておく

1 [スキャナー(ボックス保存)]をタップ

複合機をDocuWorksと連携するには

DocuWorksと富士ゼロックスのデジタル複合機を連携するには、「親展ボックス」という複合機側のデータ保管場所を利用します。DocuWorksは、ネットワークを介して親展ボックスにアクセスし、蓄積されている情報を参照します。複合機とDocuWorksを連携するには、事前にDocuWorksとの接続に使用する親展ボックスを複合機で準備し、DocuWorksから親展ボックスに接続します。

2 DocuWorksと接続した親展ボックスを選択する

[スキャナー]画面が表示された

1 親展ボックスをタップ

複合機を操作して、文書をスキャンしておく

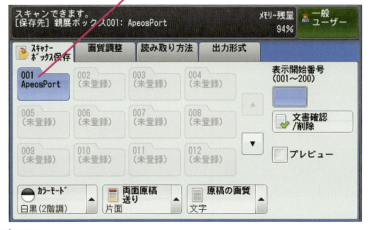

DocuWorksと連携できる複合機は?

DocuWorks 9から親展ボックスを利用するには、対応する富士ゼロックスのデジタル複合機を用意します。2018年2月時点では、ApeosPort-III/DocuCentre-IIIシリーズ、ApeosPort-IV/DocuCentre-IVシリーズの各製品に対応しています。

メニュー画面に戻る

| スキャンが終了した | 1 [閉じる]をタップ | [メニュー]ボタンを押しておく |

 ファクスの受信にも使える

DocuWorksとの連携に利用するデジタル複合機でファクスを受信している場合、受信したファクスを保管している親展フォルダをDocuWorksから参照できるようにしておけば、ファクスの内容確認や保存にもDocuWorksが利用できます。

 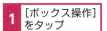 [ボックス操作]画面を表示する

| メニュー画面が表示された | 1 [ボックス操作]をタップ |

5 親展ボックスを表示する

| [ボックス操作]画面が表示された | 1 親展ボックスをタップ |

 ネットワーク接続のTWAINデバイスとして使うこともできる

ネットワーク接続されているスキャナ機能付き複合機には、USB接続のスキャナのようにTWAINデバイスとして利用できる機種があります。環境や状況に応じて、親展ボックスと使い分けてもよいでしょう。

6 スキャンした文書が表示される

親展ボックスに保存した文書のサムネールが表示された

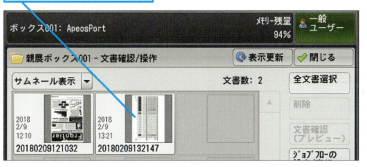

次のページに続く

22 親展ボックス

複合機の書類をDocuWorksに取り込む

親展ボックスを登録する

DocuWorksを複合機に接続して、DocuWorks Deskを起動しておく

1 [親展ボックス]をクリック

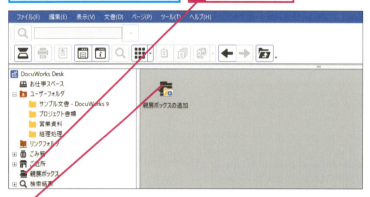

2 [親展ボックスの追加]をダブルクリック

[親展ボックス設定ウィザード]が表示されたら、画面の指示に従って親展ボックスを登録する

親展ボックスを開く

親展ボックスが登録された

1 [親展ボックス]の[+]をクリック

2 親展ボックスをクリック

3 ファイルをユーザーフォルダにドラッグ

 親展ボックスに保存されているファイルの種類

デジタル複合機で親展ボックスに取り込んだ紙の書類は、TIFFまたはJPEG画像ファイルとして保存されます。そのため、DocuWorksに取り込むと、画像として取り込むことになります。

親展ボックスから文書を取り出したら自動で削除することもできる

親展ボックスに保存した情報は、DocuWorksにコピーしてもそのまま親展ボックスに残ります。しかし、デジタル複合機に大量のファイルを残しておきたくない場合は、DocuWorksに取り込んだ時点で、親展ボックスの情報を削除するように設定できます。ただし、1つの親展ボックスを複数人で共有している場合、他人のファイルを間違って取り込むと、親展ボックスの情報が消えてしまうので、運用には注意が必要です。

3 ファイルを取り込む

[ファイルの取り込み]画面が表示された

ここではDocuWorks文書として取り込む

1 [はい]をクリック

4 取り込みの設定をする

[イメージファイルの取り込み]画面が表示された

[用紙サイズ]や[倍率]、[左右方向]、[上下方向]を調整しておく

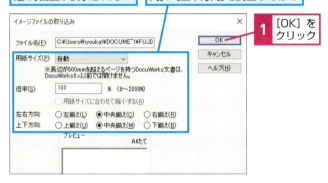

1 [OK]をクリック

5 文書が取り込まれる

[DocuWorks Desk]画面に戻った

取り込んだ文書が表示された

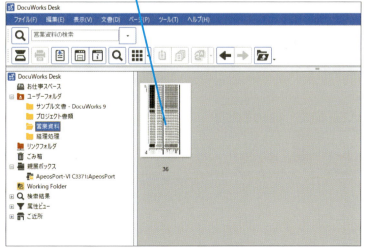

 画像の取り込み時に自動でOCRと向きの補正を行う

画像を取り込んでDocuWorks文書にするとき、向きの補正やOCR処理を取り込みと同時に実行するオプションが用意されています。

1 [ファイル]をクリック

2 [DocuWorksの設定]をクリック

3 [ファイルの取り込み]をクリック

4 [読める方向に全ページを自動回転する]をクリック

5 [文書にOCR（文字認識）の処理をする]をクリック

6 [OK]をクリック

Point

複合機を使うと、紙の書類の管理を効率化できる

紙の書類をデジタル化してパソコンで管理できるDocuWorksと、素早く紙の書類をデジタル化できる富士ゼロックスのデジタル複合機の組み合わせは非常に強力です。1台の複合機が印刷やコピーに加え、パソコンによる文書管理まで活用できます。オフィスで使う複合機を検討する際、紙の書類の管理に頭を悩ませているのであれば、DocuWorks+富士ゼロックスのデジタル複合機の組み合わせは魅力的な選択肢となります。

22 親展ボックス

レッスン 23

文書を暗号化して保護するには

パスワード

DocuWorks Deskには、ファイルを暗号化して保存する機能が用意されています。これを利用することで、ファイルの閲覧や編集を制限できます。

1 暗号化するファイルを選択する

暗号化する文書があるフォルダを開いておく

1 ファイルをクリック

2 [セキュリティの設定]画面を表示する

ファイルが選択された

1 [文書]をクリック
2 [セキュリティー]をクリック
3 [セキュリティーの設定]をクリック

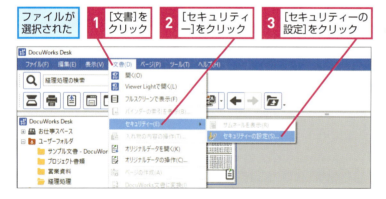

3 セキュリティーモジュールを選択する

[セキュリティーモジュールの選択]画面が表示された

ここでは標準設定の[パスワードによるセキュリティ（256bit V8以降）]を選択する

1 [OK]をクリック

▶ キーワード

アノテーション	p.168
暗号化	p.168
サーバー	p.169
電子印鑑	p.169

暗号化の方法の違い

DocuWorks 9では、ファイルを暗号化して保護するための認証方式として、パスワードや電子証明書、電子印鑑など、複数の方法を選ぶことができます。このレッスンでは、事前に準備やサーバーを別途用意する必要のない、パスワードを使った暗号化について解説しています。

パスワードで保護されたファイルを開くには

パスワードで保護された文書を開くときに、ダブルクリックなどでファイルを開くと、パスワード入力画面が表示されます。ここに、手順4で設定する[開くパスワード]で設定した文字列を入力します。パスワード保護により一部操作が制限されているファイルは、DocuWorks Viewer の[文書]メニューの[セキュリティー]から[フルアクセスモード]を選び、[フルアクセスパスワード]で設定したパスワードを入力すれば、全機能が利用できる状態で文書を開けます。

パスワードの「bit」ってなに？

手順3の画面の選択肢に記されているパスワードのbit数は、暗号化に利用する鍵の長さを表しており、一般的にbit数が大きいほど安全性は高まります。

④ パスワードを設定する

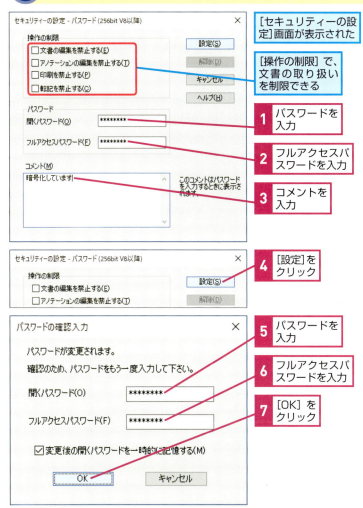

[セキュリティーの設定]画面が表示された

[操作の制限]で、文書の取り扱いを制限できる

1 パスワードを入力
2 フルアクセスパスワードを入力
3 コメントを入力
4 [設定]をクリック
5 パスワードを入力
6 フルアクセスパスワードを入力
7 [OK]をクリック

⑤ パスワードが設定された

文書が暗号化された

暗号化されている文書には鍵のアイコンが表示される

HINT! [開くパスワード]と[フルアクセスパスワード]ってなに？

文書を暗号化して保護する際、DocuWorksでは「開くパスワード」と「フルアクセスパスワード」の2種類を設定します。開くパスワードは文書をDocuWorks Viewerで開き、操作するために必要なパスワードです。また手順4の[操作の制限]で制限した操作を行う場合は、フルアクセスパスワードが必要になります。

HINT! パスワードを設定すると操作を制限できる

DocuWorks Deskでは以下の4つの制限を設定できます。
[文書の編集を禁止する]ページの移動や追加、削除などを禁止。
[アノテーションの編集を禁止する]アノテーションの追加や削除を禁止。
[印刷を禁止する]紙への印刷を禁止。
[転記を禁止する]ページの取り出しやイメージ変換出力などを禁止。
これらを設定した場合、[フルアクセスパスワード]で設定したパスワードをDocuWorks Viewerで入力しない限り、禁止されている操作を行うことはできません。

Point 暗号化に利用したパスワードの管理も重要になる

パソコンやデータを保存したUSBメモリーの盗難・紛失などにより、情報が漏えいしたという事件が相次いで発生しています。こうした問題を回避するために、重要なファイルにはぜひパスワードをかけておきたいところです。ただ、パスワードが一緒に漏えいしては意味がないでしょう。そのため、パスワードによる保護と同時に、利用したパスワードの管理方法についても社内でルールを決めるなど、事前に検討しておきましょう。

この章のまとめ

収納・分類と検索機能を両輪として使いこなす

DocuWorks Deskでは、フォルダを使ってファイルを分類する方法のほか、複数の文書を1つにまとめる「束ねる」や「バインダー」、あるいは形式を問わずさまざまなファイルを集約する「入れ物」など、豊富な機能を利用して文書を整理・管理できます。これらの機能を使いこなせれば、Windowsのエクスプローラーを利用するよりも、分かりやすく業務に使用する情報やファイルを整理できます。

もう1つ、目的のファイルを素早く見つけ出すために活用したいのが検索機能です。ファイル名だけでなく、ファイル内の文字列も検索対象となるため、どういった内容のファイルかがわかれば検索機能を使って探し出せるほか、検索結果を絞り込むこともできます。特に多数のファイルを管理する場合には、検索機能の使いこなしが効率的な作業につながるでしょう。

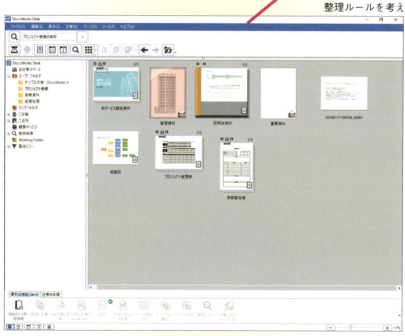

収納方法が整理のポイント
フォルダ、バインダー、入れ物を上手く使い分け、検索も活用した整理ルールを考えよう

第3章 DocuWorks文書を編集する

DocuWorks Viewerでは、作成したDocuWorks文書の閲覧だけではなく、ページの移動や付箋・テキストの追加などのアノテーション機能が利用できます。この章では、これらの機能を使って文書を編集する方法を解説します。

●この章の内容
- ㉔ DocuWorks文書の編集機能を活用しよう ……………74
- ㉕ DocuWorks文書内のページを編集するには …………76
- ㉖ 文書内の情報をほかのファイルで利用するには ……78
- ㉗ スキャンした文書のテキストを利用するには ………80
- ㉘ 文書にメモ書きを付けるには …………………………82
- ㉙ 目次を作成するには ……………………………………88
- ㉚ 文書に白紙ページを追加するには ……………………90
- ㉛ 文書にページ番号を付けるには ………………………92
- ㉜ 文書にリンクを設定するには …………………………94
- ㉝ イメージファイルをWordファイルに変換するには …………………………………96
- ㉞ 机の上にアノテーションを書き込むには ……………98
- ㉟ 文書を画像ファイルに変換するには …………………100
- ㊱ 電子印鑑を使うには ……………………………………102

レッスン 24

DocuWorks文書の編集機能を活用しよう

文書の編集

DocuWorksでは、文書の編集機能も用意されています。ページの入れ替えや複数ファイルの一体化、注釈の追記などを使って、文書の価値を高めましょう。

■ ページの入れ替えや追加、削除も自在

DocuWorksでは、取り込んだDocuWorks文書に対して紙の書類と同じようにページを並び替えたり、不要なページを削除したりすることができます。また、文書の一部の情報をクリップボードにコピーしてほかのアプリで利用したり、DocuWorks上で新しいページを作ることも可能です。

HINT! 改ざん防止と情報の再利用を両立できる

資料や社内文書を作成している際、別の人が作成した文書の一部を再利用したいと思う場面は少なくありません。元ファイルが共有されていれば、素早く元文書から必要な箇所を取り込めますが、セキュリティ上の理由などで元ファイルではなく内容を改変できないファイル形式に変換して共有するといったことも十分に考えられます。この際にDocuWorks形式を利用すれば、元ファイルが改ざんされてしまうリスクを防ぎつつ、情報の再利用を可能にできるため便利です。

▶キーワード

DocuWorks文書	p.168
アノテーション	p.168
ページ	p.169

ドラッグでページ順を変えることができる

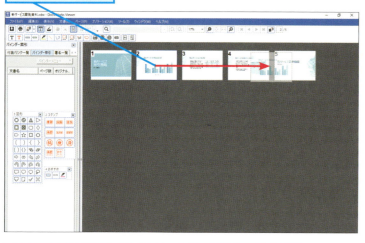

ほかのアプリを使わずに、ページを挿入して情報を書き足せる

DocuWorks文書中の文字や画像をほかの文書にコピーするなど、情報の再利用にも便利

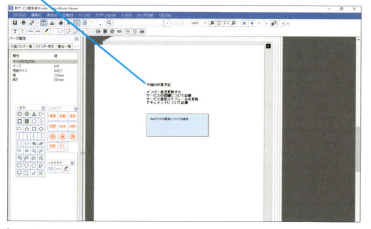

文書の構成や配布時に便利なアノテーション

DocuWorksの特長の1つとして、取り込んだファイルを「電子の紙」として扱えることが挙げられます。余白や付箋にメモを記述したり、図形を書き加えたりするための機能として「アノテーション」があり、文書の整理や回覧といった場面で活用できます。

HINT! アノテーションはどんな場面で使うの？

たとえばファイルの内容をチェックするといった際、アノテーションの機能を利用すれば、元ファイルに手を加えることなく、修正内容を記述することができます。またファイルの内容とは別にメモを書き残しておきたいといった場面でも使えます。

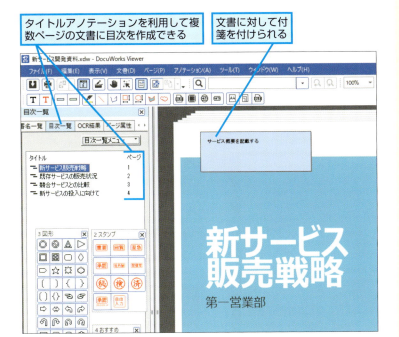

タイトルアノテーションを利用して複数ページの文書に目次を作成できる

文書に対して付箋を付けられる

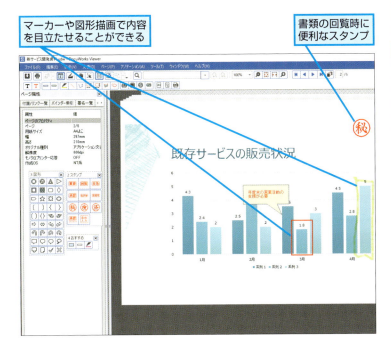

マーカーや図形描画で内容を目立たせることができる

書類の回覧時に便利なスタンプ

Point 紙の資料に対して行う作業をパソコンで実現する

日々の業務で紙の印刷物を取り扱う際には、紙の書類に対して、ペンで書き込んで内容を補足する、気になる点に蛍光マーカーで下線を引く、修正するべき内容を付箋に書き込んで貼っておく、といったメモ書きをする機会は多いでしょう。DocuWorksでは、このような印刷物に対するメモ書きを、パソコンで再現します。メモ書きを加えた資料は、DocuWorks文書として保存されるため、DocuWorks Deskで管理できるのはもちろん、ネットワークを介してほかの人と共有するのも簡単です。従来の紙資料よりも1ランク進んだ情報の再利用が可能になります。

レッスン 25

DocuWorks文書内のページを編集するには

ページの並び替え、挿入

複数ページで構成されるDocuWorks文書は、ページの並び順を変更したり、不要ページを削除したりできます。文書内の情報の整理に利用しましょう。

ページを並べ替える

1 ページを一覧表示する

DocuWorks Viewerを起動して文書を表示しておく

1 [一覧表示] をクリック

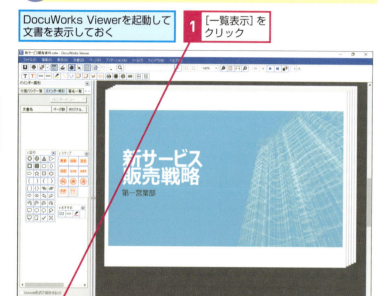

▶キーワード

DocuWorks Viewer	p.168
DocuWorks文書	p.168
ページ	p.169

ショートカットキー

Delete	表示ページの削除
⊞ + ←	左端に表示
⊞ + →	右端に表示
Ctrl + W	操作を同期

HINT! 表示中のページを削除することもできる

DocuWorks Viewerでは、表示中のページを削除することができます。

1 ページ上の何もない場所を右クリック **2** [表示ページ削除] をクリック

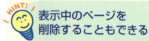

2 ページを移動する

一覧表示に切り替わった

1 ページをドラッグ

HINT! ページを回転するには

ファイルの向きが傾いているページは、以下の方法で向きを変更できます。また、DocuWorks 9では、ページにアノテーションが貼ってあってもページを回転できるようになりました。

1 ページを右クリック **2** [回転] をクリック **3** 角度をクリック

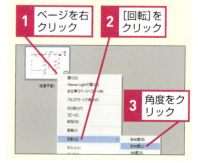

3 ページが移動した

ページを移動できた

ほかの文書のページを挿入する

1 文章を挿入する

挿入元、挿入先の文書をそれぞれ一覧表示しておく

1 ページをドラッグ

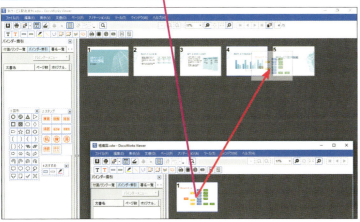

2 ページが挿入された

挿入元のページが挿入先に移動した

挿入元にもページを残すには、Ctrl キーを押しながらドラッグする

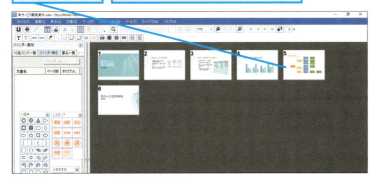

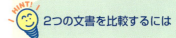

2つの文書を比較するには

文書を比較するには、比較する2つの文書をそれぞれDocuWorks Viewerで表示し、[ウィンドウ]メニューから[左端に表示]・[右端に表示]で、画面の左右に文書を表示して、[ウィンドウ]メニューから[操作を同期]をクリックします。すると、一方のDocuWorks Viewerでページを移動すると、もう一方のDocuWorks Viewerのページも移動します。編集前と編集後のファイルの変更点を確認するときなどに便利です。

2つの文書を同時に表示して比較しつつ、ページめくりなどの動作を同期できる

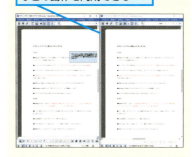

Point

文書内の内容の並び替えも整理の重要な行程

資料を整理するとき、もともとはバラバラだった情報を1つにまとめ、内容や説明する順番に応じて並べ替えたり、不要な情報を削除したりします。すべて同じ形式の情報ならこれらの作業は比較的容易ですが、ファイル形式が多岐にわたると骨が折れる作業になります。一揃いの資料を作りたい場合は、まずはDocuWorks文書として取り込んでおき、そのうえで並び替えや情報の取捨を行って、資料を再構成するとよいでしょう。

レッスン 26

文書内の情報をほかのファイルで利用するには

マルチモード

DocuWorks文書内のテキスト情報は、クリップボードにコピーすることが可能です。ほかの文書に貼り付けるなど、情報の再利用に役立てられるでしょう。

1 マルチモードを表示する

DocuWorks Viewerを起動してファイルを表示しておく

1. [マルチモード]をクリック

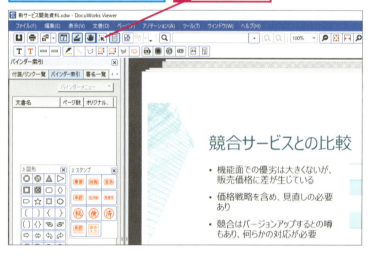

2 コピーする文字を選択する

マルチモードに切り替わった

文字にカーソルを移動すると、カーソルの形が変わる

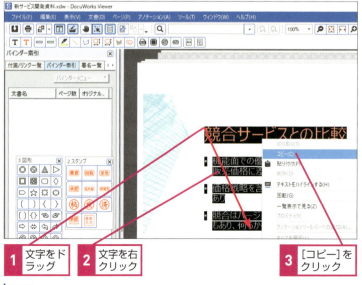

1. 文字をドラッグ
2. 文字を右クリック
3. [コピー]をクリック

▶キーワード

マルチモード　　p.169

 ショートカットキー

F4 …………… モードの切り替え

「マルチモード」ってなに？

マルチモードでは、文書上のオブジェクトを選択できます。カーソルがある場所に応じて、選択できる内容が自動的に変化します。マルチモードでマウスの右ボタンを押しながらドラッグすると、ページをスクロールできます。マルチモードは、環境設定の [DocuWorks Viewerの設定] - [起動時] で、[マウスカーソル] を [マルチモード] に設定します。

画像としてコピーするには

ツールバーにある [部分イメージコピー] を使うと、選択範囲を画像としてコピーできます。

1. [部分イメージコピー] をクリック
2. 解像度を入力
3. 指定方法をクリック
4. 色を選択

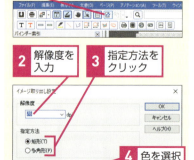

❸ 文字を貼り付ける

文字を貼り付けるアプリケーションの文書を表示しておく

ここではWord 2016の文書に貼り付ける

1 ここを右クリック
2 [貼り付けのオプション]の[テキストのみ保持]をクリック

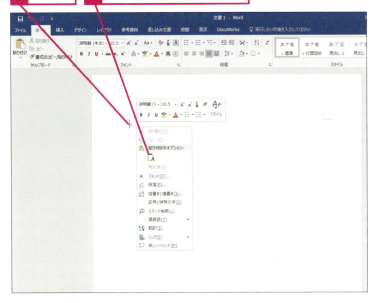

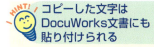

コピーした文字はDocuWorks文書にも貼り付けられる

DocuWorks Viewer上で文字をコピーした場合、Windows標準のクリップボードにその内容が保存されます。このレッスンでは、Wordの文書に貼り付けましたが、そのほかにもいろいろなアプリに貼り付けられます。もちろん、DocuWorks文書にも貼り付けられ、DocuWorks Viewer上で貼り付けを行うと、カーソル位置にテキストボックスが作成され、その中にコピーした内容が貼り付けられます。貼り付けたテキストボックスをダブルクリックすれば、テキストが編集可能な状態になり、文字を追加したり、削除したりすることができるようになります。

❹ 文字が貼り付けられる

文字がWordの文書に貼り付けられた

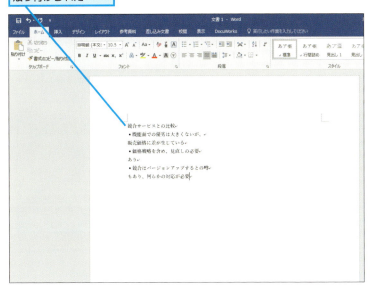

 間違った場合は?

手順2で文字を間違えて選択した場合は、改めてマルチモードでコピーしたい文字を選択し直します。

Point

DocuWorksで管理している過去の資産を資料作りに活用する

パソコンで資料を作成するメリットの1つとして、コピー＆ペーストなどによって、過去のデータを素早く再利用できることが挙げられます。DocuWorksでもさまざまな文書、ファイルに含まれるテキスト情報などをコピーし、ほかのアプリにペーストすることが簡単に行えます。DocuWorks文書として保存している過去の資産を活かした資料作り、収集した情報の再利用を積極的に進めれば、業務効率の向上にもつながるでしょう。

レッスン 27

スキャンした文書のテキストを利用するには

OCR

DocuWorksはスキャナからの文書取り込みに対応しています。さらにOCR機能を利用すれば、取り込んだ文書の文字をテキストデータとして利用できます。

▶キーワード

OCR	p.168
RTF	p.168
スキャン	p.169

1 スキャンした文書を選択する

スキャンした文書があるフォルダを開いておく

1 文書をクリック
2 [OCR]をクリック

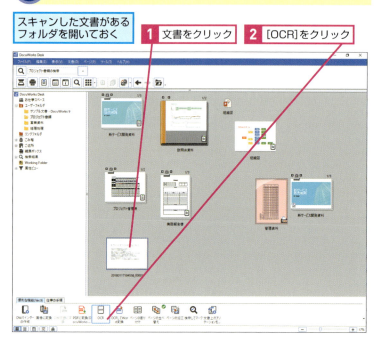

2 文字を認識する

[OCR（文字認識）]画面が表示された

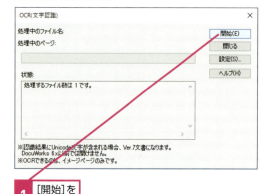

1 [開始]をクリック

HINT! OCRのオプションを設定する

DocuWorks標準のOCR機能には、ファイルの内容に応じたさまざまなオプションが用意されています。手順2の画面で、[設定]をクリックすると表示される[OCR設定]画面でオプションを設定します。ページの自動回転やイメージ、OCR精度向上のためのノイズ除去、認識する言語（日本語／英語）の設定などが行えます。

ここをクリックしてチェックマークを付けると、文章の向きが自動調整される

[OCR処理のオプション設定]では、ノイズ対策や精度／速度の優先設定が行える

[OCRの詳細設定]では、言語設定やレイアウト、出力形式などの細かい設定できる

③ 文字認識したファイルを開く

- OCR処理が完了した
- **1** ファイルをダブルクリック

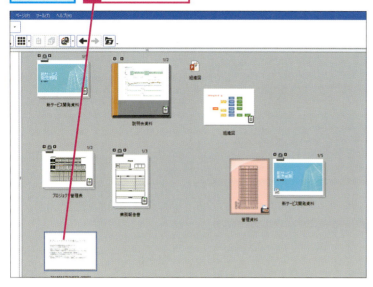

④ 文字がテキストデータになった

- DocuWorks Viewerが起動して、ファイルが表示された
- 文字を選択したり、コピーできるようになった

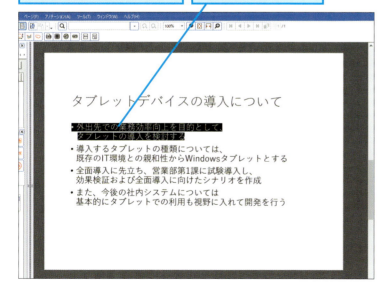

HINT! OCR機能を利用したアドイン機能もある

ツールバーの設定の［ツール］にある［OCR（文字認識）］をツールバーやお仕事バーに追加し、設定画面で出力形式を「Word」や「Excel」に設定すると、OCRしたファイルをWordファイルやExcelファイルで出力できます。

HINT! OCR結果を確認するには

DocuWorks Viewerのウィンドウの左側は、「インフォビュー」という各種情報の表示領域です。インフォビュー上部にあるタブの[OCR結果]をクリックすると、OCRした結果がテキスト情報として表示されます。

［インフォビュー］の[OCR結果]で文字認識したテキストが確認できる

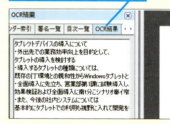

Point
手間をかけずに紙の文書の内容をテキストデータにする

DocuWorksに標準搭載されているOCR機能を利用し、印刷された書類に含まれる情報を再利用可能な形でデジタル化できることは、DocuWorksで紙の書類を管理するもっとも大きなメリットです。ビジネスの現場で、紙の資料を再利用したいといった場面は少なくありません。DocuWorksを利用すれば時間をかけずにOCRでテキスト化することができるため、効率よく作業を進められます。またExcelやRTF形式で出力できる機能も用意されており、ほかのアプリケーションでのデータ再利用が容易です。

レッスン 28

文書にメモ書きを付けるには

アノテーション

DocuWorksには、文書に付箋やマーカーなどを付記するアノテーション機能が用意されています。会議中のメモ、資料への情報追加など、多くの場面で使えます。

▶キーワード

アノテーション	p.168
スキャン	p.169
ふでばこ	p.169
マルチモード	p.169

文書に付箋を貼る

1 付箋を選ぶ

DocuWorks Viewerでファイルを表示しておく

1 [付箋／薄い青／テキスト付き]をクリック

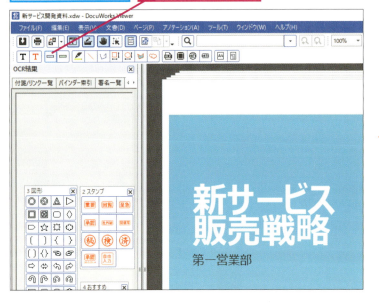

ショートカットキー

Ctrl	+	C	………	コピー
Ctrl	+	V	………	貼り付け
Delete	………………	削除
Alt	+	↑	↓	←	→
………………	アノテーションの移動

HINT!「ふでばこ」を活用する

DocuWorks Viewerのマルチモードで DocuWorks文書の表示領域をクリックすると、「ふでばこ」が表示されます。「ふでばこ」には、よく使うアノテーションが表示され、文書を編集する際の手間を軽減できます。

1 マルチモードでDocuWorks文書をクリック

◆ふでばこ

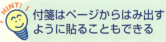

2 付箋を貼る

透明の付箋が表示された

1 文章をクリック

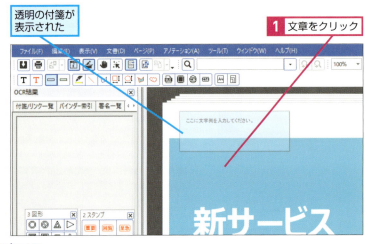

HINT! 付箋はページからはみ出すように貼ることもできる

付箋をページからはみ出して貼ると、栞の役割になります。他のページを表示しているときに、はみ出している付箋をダブルクリックすると、付箋を貼ったページが表示されます。

❸ 付箋にテキストを入力する

1 テキストを入力
2 付箋以外の場所をクリック

付箋が貼り付けられた

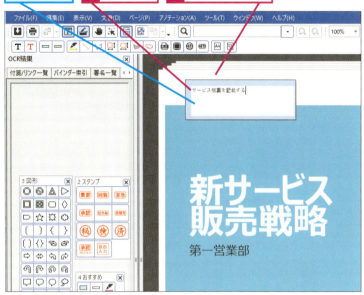

❹ テキストが入力できた

付箋にメモを貼り付けられた

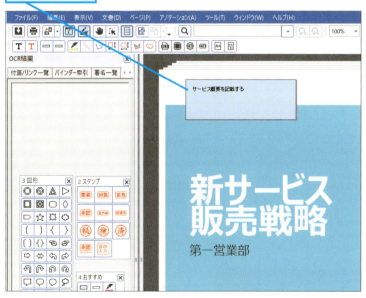

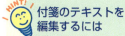 **付箋のテキストを編集するには**

DocuWorks 9では、付箋を貼り付けたときにすぐにテキストを編集できるようになりました。この機能を有効にするには、ツールバーの付箋アノテーションを右クリックして［アノテーションツールのプロパティ］をクリックし、以下のように設定します。

1 ［貼り付け後にテキストを編集する］をクリックしてチェックマークを付ける

 自動的にサイズが変わる付箋もある

アノテーションツールバーにある［自動リサイズ付箋］は入力した文字の長さに応じて、自動的にサイズが調整される付箋です。特に長文を入力したい場面で便利です。

 アノテーション内の文字の大きさを変えるには

付箋などのアノテーションで追記した文字の大きさは、以下の方法で変更できます。

1 付箋をダブルクリック
2 文字をドラッグ

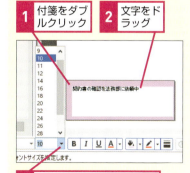

3 ［フォントサイズ］の［▼］をクリックしてサイズを選択

次のページに続く

文書にマーカーで描く

1 マーカーを選択する

DocuWorks Viewerでファイルを表示しておく

1 [マーカー／黄(透過) ／濃淡あり／7pt]をクリック

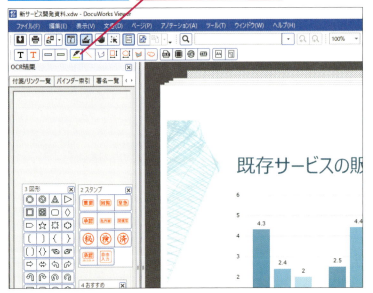

2 マーカーで描く

マウスカーソルがペンの形に変化した

1 マウスをドラッグして描画

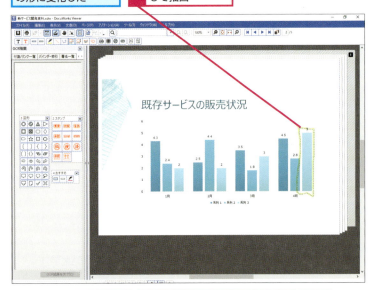

描き終わるとマウスカーソルが通常の状態に戻る

マーカーで描いたところ以外をクリックするとガイドの点線が消える

文字にマーカーを引くには

マルチモードでテキストを選択し、表示されるポップアップウィンドウで[テキストをハイライト] をクリックすると、選択したテキストにマーカーが引かれます。

マーカーで描いた内容の位置を調整するには

マーカーで描いた内容をクリックするとカーソルが矢印付きの十字型に変わります。この状態でドラッグすると、描いた内容を移動できます。

マーカーの太さや色を変えるには

マーカーの色や太さの設定は、ウィンドウ下部の[ペンの色]や[ペンの太さ]で調整します。マーカーで描いた内容をクリックして選択すると、あとから色や太さを変えられます。

1 マーカーで描いた内容をクリック

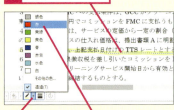

2 [ペンの色]の[▼]をクリック

3 色をクリック

アノテーションを固定する

アノテーションを右クリックし、メニューから[固定]を選ぶと、そのアノテーションをマウスでドラッグして動かしたり、Deleteキーを押して削除したりすることができなくなります。同様に右クリックして[固定を解除]を選ぶと、移動や削除が可能になります。

文書に図形を描く

1 図形を描く

ここでは文書に四角形を描く

1 [四角形／赤3pt枠／中抜き]をクリック
2 マウスをドラッグ

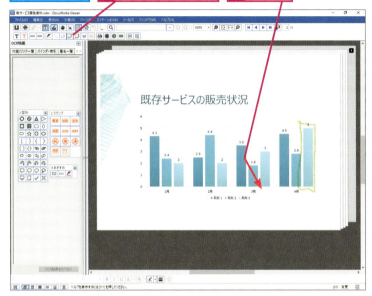

2 図形を描く

四角形が描画された

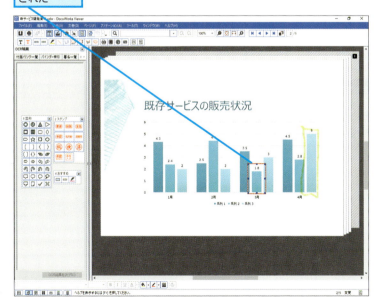

 1度書き込んだ図形の大きさを変更するには

図形の四隅と上下左右に表示されるハンドルのいずれかをドラッグすると、図形の大きさを変えることができます。

 ほかの形の図形を利用したい場合は

ウィンドウ上部のアノテーションツールバーには四角形などの基本的な図形が配置されていますが、[図形]ツールバーを利用すると、さまざまな図形や記号が利用できます。

 ◆[図形]ツールバー

 アノテーションの重なりを調整するには

アノテーションを右クリックし、メニューから[前面に移動][背面に移動]のいずれかを選択すると、重なり順を調整することができます。

 アノテーションの一覧を見るには

ウィンドウ左側の[インフォビュー]の[付箋/リンク一覧]タブをクリックすると、開いている文書中の付箋の一覧が確認できます。

[付箋/リンク一覧]で付箋の一覧を確認できる

次のページに続く

文書にテキストを入力する

1 テキストを入力する

DocuWorks Viewerで編集するファイルを開いておく
ここでは赤色の文字を書く

1. [テキスト／ゴシック／赤／12pt]をクリック
2. ここをクリック
3. テキストを入力

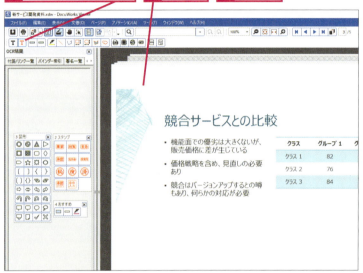

2 テキストが入力される

テキストが入力された
1. テキスト以外の場所をクリック
テキストが確定される

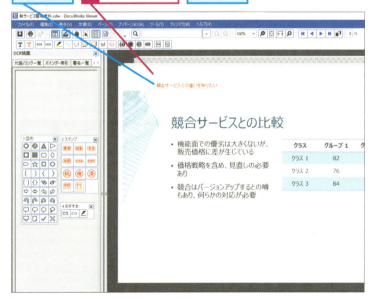

よく使うアノテーションをツールバーに追加するには

DocuWorks 9では、DocuWorks文書に貼り付けたアノテーションをツールバーにドラッグして登録できます。よく利用するアノテーションは登録しておくと便利です。

アノテーションの位置や大きさを調整するには

アノテーションの位置や大きさは、数値で調整できます。アノテーションを右クリックして、表示されるメニューから[プロパティ]をクリックします。[位置とサイズ]で以下のように設定します。

1. [位置とサイズ]をクリック

[位置]や[サイズと回転]の数値ボックスに数値を入力して調整する

アノテーションを整列するには

アノテーションの位置揃えや等間隔整列を行うには、複数のアノテーションを選択し、[アノテーション]メニューの[整列]から[上揃え]や[下揃え]などを選びます。

自分のハンコを登録する

白い紙に捺印した自分のハンコをスキャンして画像編集ソフトなどで背景を透過処理し、アノテーションとしてDocuWorks Viewerに登録すると、確認印などとして使えるので便利です。

文書にスタンプを押す

1 スタンプを押す

ここでは[マル秘]スタンプを押す

1 [マル秘]をクリック
2 ここをクリック

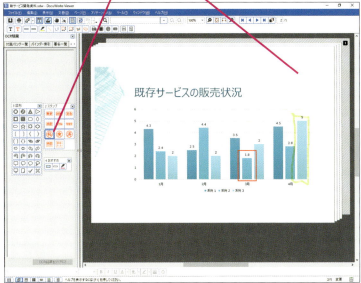

2 スタンプが描画される

スタンプが押された

スタンプの周りのハンドルをドラッグすると、スタンプのサイズを調整できる

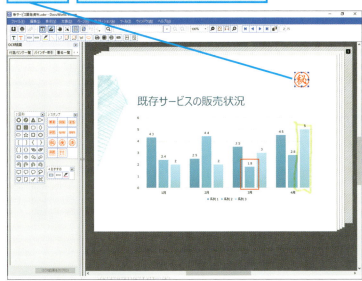

スタンプをドラッグすると、位置を変更できる

HINT! 文字を変更できるスタンプもある

[自由入力]スタンプは、スタンプの押印後にスタンプの文字を自由に書き換えられます。

手順1を参考に[スタンプ]から[自由入力]スタンプを選択して、書類に貼り付けておく

1 スタンプをダブルクリック
2 テキストを入力

3 Escキーを押す

HINT! 画像をアノテーションとして貼り付ける

DocuWorks Viewerでは、クリップボードにコピーされている画像データをビットマップアノテーションとして貼り付けられます。またDocuWorks 9では、貼り付けたビットマップアノテーションをリサイズできるようになりました。

Point 重要事項を視覚的に目立たせて資料の効果を高める

DocuWorksのアノテーション機能は、紙の資料を扱うときと同じように、付箋やマーカーを使って重要な部分にメモを追記したり、目立たせたりすることができます。これらの機能は、オリジナルのDocuWorks文書には改変を加えることなく情報を付加でき、キーワードで検索することも可能です。不要なときはまとめて非表示にしたり、配布資料として配る前に一括削除したりすることも容易で、再利用の作業の妨げになりにくいのも特徴です。

レッスン 29

目次を作成するには

タイトルアノテーション

文書の各見出し部分にタイトルアノテーションを設定すると、簡単に目次を作成できます。目次をクリックすると、素早くページを移動できるので便利です。

1 タイトルを選択する

DocuWorks Viewerで目次を作成するファイルを表示しておく

1 [マルチモード]を クリック

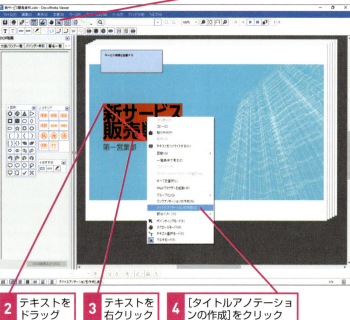

2 テキストをドラッグ
3 テキストを右クリック
4 [タイトルアノテーションの作成]をクリック

2 タイトルを設定する

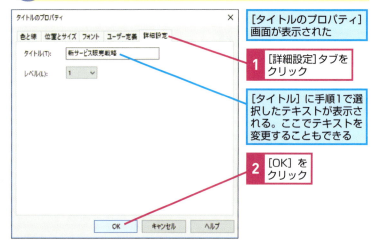

[タイトルのプロパティ]画面が表示された

1 [詳細設定]タブをクリック

[タイトル]に手順1で選択したテキストが表示される。ここでテキストを変更することもできる

2 [OK]をクリック

▶キーワード

| マルチモード | p.169 |

目次のレベルを設定するには

タイトルアノテーションで設定した目次は、章や項、節などの区分によってレベルを設定することができます。タイトルのレベルを下げるには、以下のように操作します。

1 タイトルを右クリック

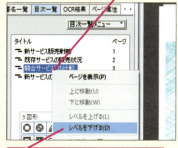

2 [レベルを下げる]をクリック

レベルが下がり、インデントの位置が変わった

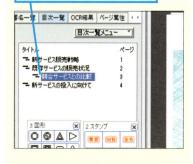

③ 目次を表示する

目次が追加された 　1 ［目次一覧］をクリック

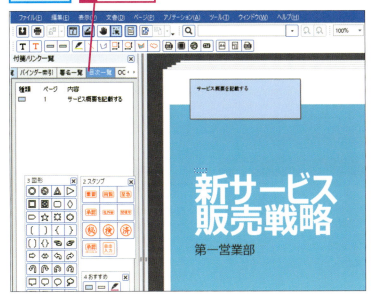

HINT! 目次のタイトルを手早く編集するには

目次のタイトルを編集するには、［インフォビュー］の［目次一覧］タブに表示されているタイトルの一覧から、タイトルをクリックして選択し、テキストを編集できるようにもう1度クリックします。テキストを編集して、Enterキーを押します。

HINT! 目次ページを追加することもできる

このレッスンの手順に従って目次を設定してから、［文書］メニューの［目次］-［目次ページの作成］を実行すると、文書の先頭に目次ページを自動作成し、挿入することが可能です。

④ 目次が表示された

［目次一覧］が表示された　手順1、2を参考にほかのタイトルを目次に追加する

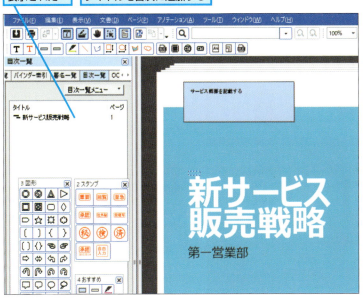

Point 目次を設定して読みやすい資料を作成する

ページ数が多い資料、就業規則や帳票のルールなど、社内文書の作成にDocuWorks文書を利用するなら、ぜひ活用したいのがタイトルアノテーションです。この機能を利用して目次を作成しておけば、閲覧する際に目的のページに素早く移動することができるため、元データで目次やリンクなどの用意をしていなくても、誰にでも参照しやすい文書がDocuWorks上で作成できます。

レッスン 30

文書に白紙ページを追加するには

ページの挿入

DocuWorksでは、文書に新たなページを追加することもできます。アノテーションを書き込む際、既存のページの余白ではスペースが足りない場面に使えます。

1 ページを一覧表示する

DocuWorks Viewerでページを追加するファイルを表示しておく

1 [一覧表示] をクリック

▶ キーワード

アノテーション	p.168
サムネール	p.169
ページ	p.169

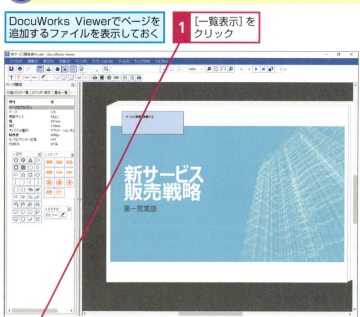

> **HINT!** A4縦以外の用紙を追加するには
>
> [A4たて]の右にある[用紙作成]ボタンをクリックして白紙ページを追加すると、[用紙のプロパティ]画面が表示されます。ここで、用紙サイズを設定できます。
>
> **1** [用紙作成]をクリック
>
>
>
> **2** ページを挿入する位置をクリック
>
> [用紙のプロパティ]画面が表示された
>
> **3** [▼]をクリックして、用紙サイズを選択
>
>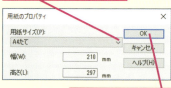
>
> **4** [OK]をクリック
>
> 設定したサイズの用紙が追加される

2 ページを追加する

一覧表示に切り替わった

ここでは縦向きのA4サイズを追加する

1 [A4たて]をクリック

2 ここをクリック

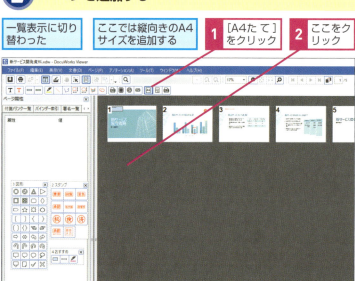

テクニック 白紙ページの活用

DocuWorksの基本的な機能はファイルの管理と閲覧ですが、白紙ページとさまざまなアノテーション機能を使えば、簡単なページはDocuWorks単体でも作ることが可能です。ひとまとめにした情報に補足内容を整理したり、後日新たな書類を作るときの下書きを準備したりするのに利用できます。

白紙ページには各種アノテーションや、ほかの文書からコピーした情報などを貼り付けておける

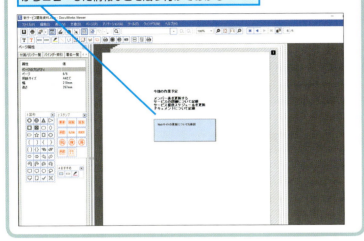

3 白紙ページが挿入された

白紙ページが追加された

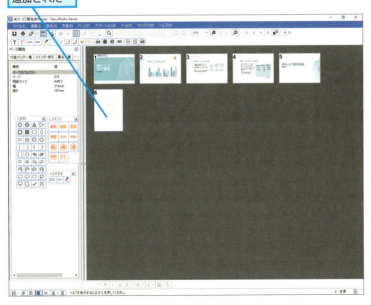

ページのサムネール一覧からページを削除するには

DocuWorks Viewerのサムネール一覧画面からページを削除するには、削除するページをクリックして[Delete]キーを押します。

複数のページをまとめて削除するには

複数のページをまとめて削除するには、DocuWorks Viewerのサムネール一覧画面で、削除する複数のページを[Shift]キーを押しながらクリックし、削除したいページを選択してから[Delete]キーを押します。

間違った場合は？

手順3で間違って余分なページを挿入した場合は、挿入した直後であれば[編集]メニューの[元に戻す]をクリックして挿入前の状態に戻します。挿入した後に別の操作をした場合は、余分なページを削除します。

Point
白紙ページはアイデア次第でさまざまな使い方ができる

DocuWorksの多彩なアノテーション機能と白紙ページを組み合わせれば、単なるメモの追加にとどまらない、さまざまな使い方に応用できます。たとえば、オリジナルのファイルが手元にないDocuWorks文書を別の案件で再利用するとき、元の内容を変更することはできなくても、白紙のページに文章を書き込め、簡単な図を作ることも可能です。WordやPowerPointほどの高いレベルの表現力はありませんが、新しい文書の下書きや構想のメモなどは、DocuWorksだけで十分作成できます。

レッスン 31

文書にページ番号を付けるには

ページ番号

DocuWorksを利用すれば、それぞれ異なるアプリで作成した文書を1つにまとめた上で、それぞれの文書にページ番号を追記できます。

1 ［見出し・ページ番号の設定］画面を表示する

DocuWorks Viewerでページ番号を付けるファイルを表示しておく

ここでは文書の下側中央にページ番号を付ける

1 ［文書］をクリック
2 ［見出し・ページ番号の設定］をクリック

2 ページ番号を設定する

［見出し・ページ番号の設定］画面が表示された

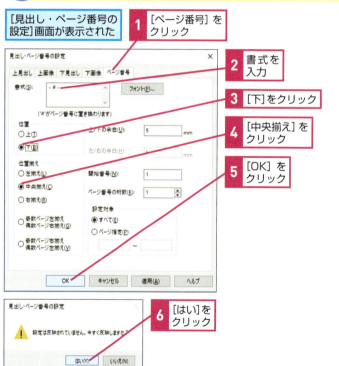

1 ［ページ番号］をクリック
2 書式を入力
3 ［下］をクリック
4 ［中央揃え］をクリック
5 ［OK］をクリック
6 ［はい］をクリック

HINT! ページに見出しや画像を追記するには

［見出し・ページ番号の設定］画面で、［上見出し］や［上画像］、［下見出し］、［下画像］のそれぞれのタブを選択して設定すると、ページに見出しテキストや画像を追記することが可能です。なお［上見出し］および［上画像］ではページ上部、［下見出し］［下画像］ではページ下部に見出しテキストや画像が追記されます。ページ上部に見出しテキストを追加するには、［上見出し］タブを選択して追記したい文字列と位置などを設定します。たとえば、ページの左上に見出しを表示するには以下のように設定します。

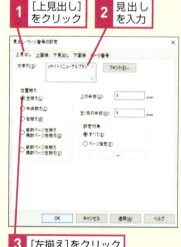

1 ［上見出し］をクリック
2 見出しを入力
3 ［左揃え］をクリック

テクニック　ページ番号の書式を設定する

［見出し・ページ番号の設定］画面の［ページ番号］タブには、［書式］の設定項目が用意されています。ページ番号は［#］で表します。［#］を入力すると、各ページにページ番号の数字だけが表示されます。［- # -］と入力すると、2つのハイフンの間にページ番号が追記されます。書類の内容や好みに応じて、書式をカスタマイズしましょう。また［ページ番号の桁数］を［2］にすると「01」、［3］であれば「001」と、表記するページ番号の桁数を変更することも可能です。

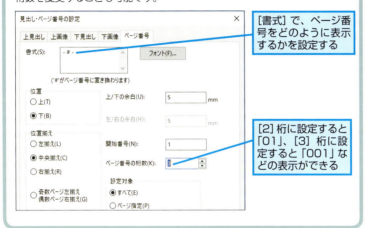

［書式］で、ページ番号をどのように表示するかを設定する

［2］桁に設定すると「01」、［3］桁に設定すると「001」などの表示ができる

3 ページ番号が追記された

ページが表示された

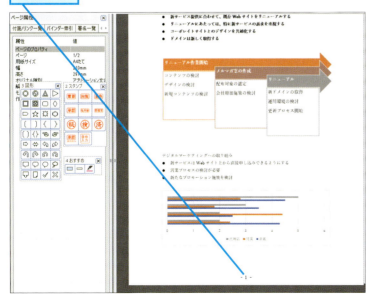

HINT! 奇数ページと偶数ページでページ番号の追記位置を変更するには

［見出し・ページ番号の設定］画面の［位置揃え］の項目で、［奇数ページ左揃え 偶数ページ右揃え］、または［奇数ページ右揃え 偶数ページ左揃え］を選択すると、奇数ページと偶数ページでページ番号や見出しテキストの左右の位置を変えられます。

HINT! 開始するページ番号を調整するには

ページ番号は、［見出し・ページ番号の設定］画面の［ページ番号］タブで、［開始番号］で指定された数字から順に追記されます。「1」以外の数字からページ番号を開始したい場合は、この項目の数字を開始したい番号に変更します。

HINT! ページ番号を削除するには

［文書］メニューの［見出し・ページ番号の削除］を選択すると、すべての見出しとページ番号が削除されます。なお、見出しとページ番号のいずれかだけを削除したい場合は、［見出し・ページ番号の設定］画面で該当する項目の文字列を削除します。

Point　ページ番号は複数のアプリでドキュメントを作成する際に役立つ

複数のアプリを使い分けてドキュメントを作成する際、面倒なのがドキュメント内の各ページにページ番号を追記する作業です。しかし、DocuWorksを使えば、各アプリで作成したドキュメントをDocuWorks文書形式で取り込んで束ねれば、すべてのページに一括でページ番号を追記することが可能です。便利な機能なので、ぜひ使い方を覚えておきましょう。

レッスン 32

文書にリンクを設定するには

リンクアノテーション

DocuWorks文書では、指定した場所にWebサイトやほかのDocuWorks文書を表示するためのリンクを簡単に作成することが可能です。

1 [リンクのプロパティ]画面を表示する

DocuWorks Viewerでリンクを設定する文書を表示しておく

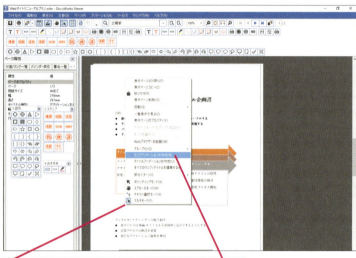

1. リンクを作成する場所を右クリック
2. [リンクアノテーションの作成]をクリック

2 リンクを設定する

[リンクのプロパティ]画面が表示された

ここではボタンをクリックすると、リンク先のWebページにジャンプする設定を行う

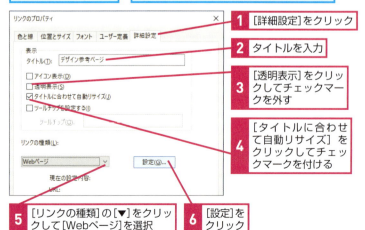

1. [詳細設定]をクリック
2. タイトルを入力
3. [透明表示]をクリックしてチェックマークを外す
4. [タイトルに合わせて自動リサイズ]をクリックしてチェックマークを付ける
5. [リンクの種類]の[▼]をクリックして[Webページ]を選択
6. [設定]をクリック

▶ キーワード

マルチモード　p.169

DocuWorks文書にリンクするには

手順2の[リンクのプロパティ]画面の[リンクの種類]で、[DocuWorks文書]を選択します。[設定]ボタンをクリックして、リンクするDocuWorks文書や移動するページ番号などを設定します。

[タイトル]ってなに？

手順2の[リンクのプロパティ]画面の[タイトル]は、作成したリンクアノテーションに表示される文字です。[透明表示]のチェックマークを外すと、ボタンにはタイトルが表示されません。

メールアドレスのリンクを作成する

メールアドレスをリンク先として設定することもできます。作成したリンクをクリックすると、関連付けられたメールアプリが起動し、指定したメールアドレス宛にメールを送信するための新規メール作成画面が表示されます。

③ リンク先を設定する

［URLの設定］画面が表示された

1 URLを入力
2 ［OK］をクリック

［リンクのプロパティ］画面に戻ったら、［OK］をクリックしておく

④ リンク先を表示する

リンクが設定された
1 リンクをクリック
警告画面が表示されたら、［はい］をクリックしておく

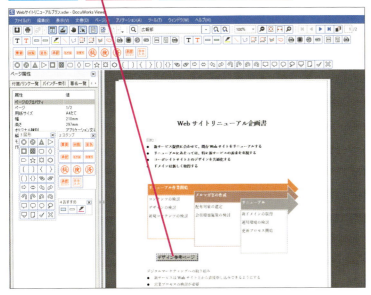

⑤ Webページが表示される

リンク先が表示された

HINT! リンクを削除するには

以下のように作業すると、リンクを削除することができます。

1 ［文書］をクリック
2 ［リンク／タイトル］をクリック

3 ［すべてのリンク／タイトルを編集する］をクリック

4 ［マルチモード］をクリック

5 リンクをクリック
6 ［Delete］キーを押す

［文書］-［リンク／タイトル］-［すべてのリンク／タイトルを編集する］をクリックして、編集モードを解除しておく

Point
リンクでWebサイトや別のDocuWorks文書を参照する

DocuWorks文書に外部のWebサイトのリンクを貼り付けたい、あるいは別のDocuWorks文書のページを参照しやすいようにしておきたいといった場面で活用できるのが、リンクアノテーションです。なお、同じ文書の別のページにリンクを張ることもできるので、たとえば巻末の参考資料をすぐに参照できるようにリンクを作成するなどの使い方もできます。

レッスン 33

イメージファイルをWordファイルに変換するには

ファイル形式変換

DocuWorksでは、内蔵するOCR機能を使って読み取ったイメージファイルの内容に基づき、Word文書に変換する機能が備えられています。

1 ファイルを選択する

DocuWorks Deskでイメージファイルがあるフォルダを表示しておく

1 イメージファイルをクリック

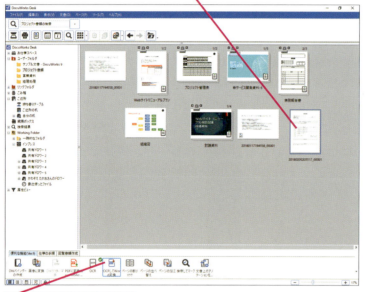

2 [OCRしてWord変換]をクリック

2 OCR処理を行う

[OCR（文字認識）]画面が表示された

1 [開始]をクリック

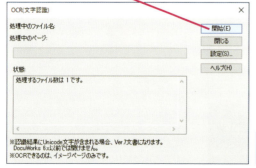

OCRの処理が開始される

▶ キーワード

OCR	p.168
PDF	p.168
スキャン	p.169
ファイル	p.169

HINT! カラーのままOCR処理するには

手順2の［OCR（文字認識）］画面で［設定］をクリックし、［カラーイメージに対するOCR処理］で［カラーのままOCR処理する］を選択すると、文書内の画像ファイルなどをモノクロ化せず、カラー画像のままOCR処理を行えます。

HINT! 変換できるファイルの種類は？

変換することができるのはBMP形式やJPEG形式、TIFF形式、PDF形式のいずれかのイメージファイル形式になります。

HINT! OCRの変換精度は？

OCRを使った文字認識の精度は、元の画像の内容に大きく左右されます。写真の解像度が低いなどといった場合、正しく文字が認識されていない可能性もあるため、Word文書に変換した後、文字が正しく認識されているか十分にチェックしましょう。

3 ファイルを保存する

[名前を付けて保存]画面が表示された

1 ファイル名を入力
2 [保存]をクリック
3 [閉じる]をクリック

4 ファイルを表示する

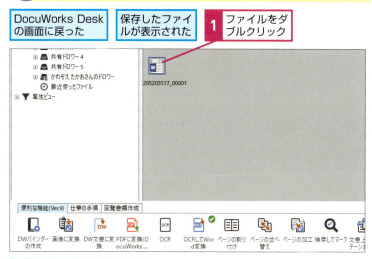

DocuWorks Deskの画面に戻った
保存したファイルが表示された

1 ファイルをダブルクリック

Wordが起動して、OCR変換したファイルが表示された

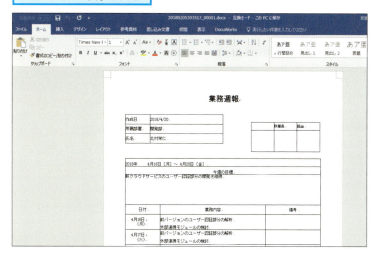

HINT! Excel形式での出力も可能

DocuWorksでは、OCR後のファイル出力形式として、Excelを選択することも可能です。

1 [設定]をクリック

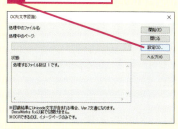

2 [OCRの詳細設定]をクリック

3 [出力形式]の[▼]をクリックして[Excel]を選択

Point

再編集可能なWord形式のファイルに変換する

複合機などでスキャンした文書を編集するときに有効なのが、「OCRしてWord変換」機能です。元が手書き文字などではなく、また解像度が十分であれば文字認識率は高く、容易に編集可能なWord形式のファイルを出力できます。元ファイルは入手できないが、内容を修正したいといった場面で便利です。

33 ファイル形式変換

レッスン 34

机の上にアノテーションを書き込むには

机の上を編集

実際の机にメモを書いた付箋紙を貼り付けるように、DocuWorks Deskの各フォルダの机にアノテーションを貼り付けることができます。

1 編集画面を開く

DocuWorks Deskでアノテーションを貼り付けるフォルダの机を開いておく

ここでは水色の付箋にメモを書いて貼り付ける

▶キーワード

アノテーション	p.168
ポインティングモード	p.169

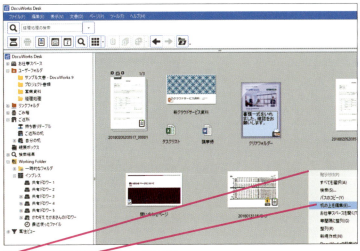

1 机を右クリック
2 ［机の上を編集］をクリック

2 付箋を貼り付ける

編集画面が表示された

1 ［ツール］をクリック
2 ［机の上を編集］をクリック

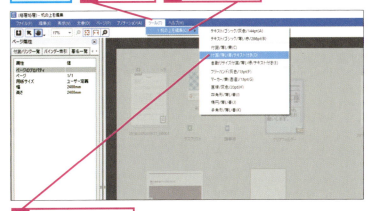

3 ［付箋／薄い青／テキスト付き］をクリック

 付箋の文字を編集するには

［机の上を編集］画面を表示し、「ポインティングモード」で編集する付箋をダブルクリックします。

1 ［ポインティングモード］をクリック

2 アノテーションをダブルクリック

 アノテーションを削除するには

［机の上を編集］画面でポインティングモードを選び、削除したいアノテーションをクリックして Delete キーを押します。

③ 付箋にメモを書く

1 机をクリック　2 メモを入力　3 机をクリック

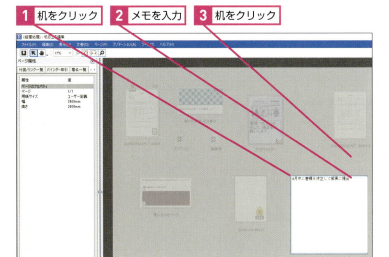

④ 編集画面を閉じる

1 [×]をクリック

付箋が貼り付けられた

DocuWorks Deskの画面に戻った

HINT! 机に直接文字を書き込むには

机の編集画面で、[ツール]メニューから[机の上を編集]−[テキスト／ゴシック／灰色／144pt]または[テキスト／ゴシック／薄い赤／288pt]を選ぶと、机に直接文字が書けます。また、そのほかにもさまざまなアノテーションがあるので、試してみてください。

1 [ツール]をクリック　2 [机の上を編集]をクリック

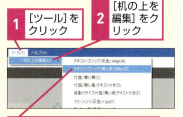

3 [テキスト／ゴシック／薄い赤／288pt]をクリック

4 机をクリック

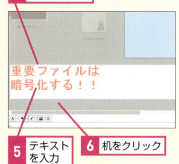

5 テキストを入力　6 机をクリック

Point 重要なメモやToDoリストを机に貼り付ける

机の上にアノテーションを貼り付けておけば、作業する際に必ず目にすることになるため、必ず覚えておきたいメモを書いておくなどといった用途で便利です。また付箋を利用し、ToDoリストを机に貼り付けておくといった使い方もできます。ぜひ自分なりの活用方法を考え、机の上を有効に利用しましょう。

レッスン 35

文書を画像ファイルに変換するには

イメージ変換出力

DocuWorks Viewerでは、DocuWorks文書の内容をBMPやJPEG形式などの画像ファイルとして保存することができます。ここでは、その手順を解説します。

1 [イメージ変換出力]画面を表示する

DocuWorks Viewerで画像ファイルにするDocuWorks文書を表示しておく

1 [ファイル]をクリック

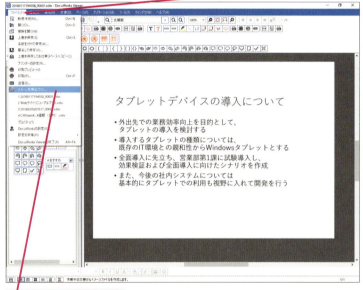

2 [イメージ変換出力]をクリック

2 変換形式を選択する

[イメージ変換出力]画面が表示された

ここではBMP形式で画像を出力する

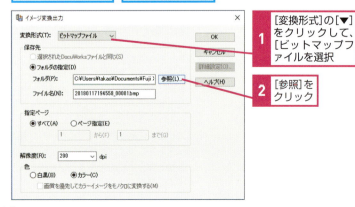

1 [変換形式]の[▼]をクリックして、[ビットマップファイル]を選択

2 [参照]をクリック

▶キーワード

DocuWorks文書	p.168
PDF	p.168
ファイル	p.169

HINT! 出力できる画像ファイルの形式は？

BMP形式のほか、PNG形式、JPEG形式、PDF形式での出力が可能です。出力形式は[イメージ変換出力]画面で行います。

1 [変換形式]の[▼]をクリック

2 画像のファイル形式を選択

③ ファイルを保存するフォルダを選択する

[フォルダーの参照]
画面が表示された

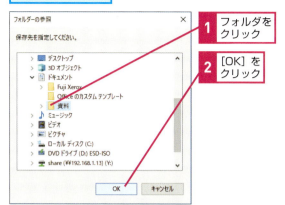

1 フォルダを
クリック

2 [OK] を
クリック

④ ファイル名を入力する

[イメージ変換出力]画面に戻った

1 ファイル名を入力

2 [OK] を
クリック

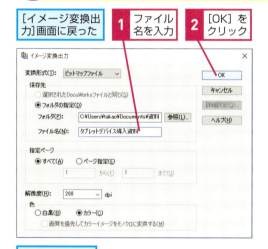

画像ファイルが
出力される

画像の解像度を変更するには

[イメージ変換出力]画面の[解像度]に数値を入力すれば、出力される画像ファイルの解像度を変更することができます。

複数ページのDocuWorks文書でイメージ変換出力を行うとどうなるの？

複数ページのDocuWorks文書でイメージ変換出力を行った場合、[イメージ変換出力]画面の[指定ページ]で[すべて]が選択されていると、ページごとに画像ファイルが作成されます。また、[ページ指定]をクリックして選択すれば、出力するページを設定できます。なお、PDFファイルの場合は、すべてのページを1つのPDFファイルに格納して出力されます。

Point
イメージ変換出力でドキュメントを再利用する

ほかのドキュメントの一部分のイメージとしてコピーしたい、あるいはWebページでドキュメントの要素を再利用したいといった場面で便利なのが「イメージ変換出力」機能です。この機能を使って画像ファイルとして出力すれば、画像編集アプリなどを使って簡単に必要な部分だけを切り取り、再利用することが可能です。

レッスン 36

電子印鑑を使うには

電子印鑑

DocuWorksでは、特定のユーザーしか押すことができない電子印鑑の仕組みがあり、これを利用することで文書の変更を管理することができます。

▶キーワード

アノテーション	p.168
スキャン	p.169
電子印鑑	p.169

電子印鑑ケースの作成

1 電子印鑑ケースを作成する

DocuWorks Viewerを起動しておく

1 [文書]をクリック

2 [DocuWorks電子印鑑]をクリック

3 [電子印鑑ケースツール]をクリック

2 電子印鑑ケースを設定する

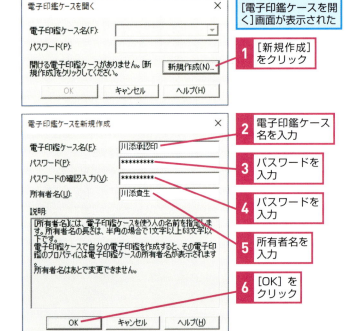

[電子印鑑ケースを開く]画面が表示された

1 [新規作成]をクリック

2 電子印鑑ケース名を入力

3 パスワードを入力

4 パスワードを入力

5 所有者名を入力

6 [OK]をクリック

HINT! 電子印鑑とアノテーションのスタンプは何が違うの？

DocuWorks Viewerには自由にテキストを入力できるスタンプがあり、これを使えば自分の印鑑のようにアノテーションを貼り付けられます。ただ電子印鑑は単に登録した印鑑の画像を貼り付けられるだけでなく、作成者や承認者を明確にできるほか、印鑑を押した後に編集したかどうかを確認することが可能です。これにより、文書を承認した後の改変を防ぐことができます。

HINT! 電子印鑑ケースってなに？

電子印鑑ケースは、電子印鑑を収納するための「箱」のようなものと考えればよいでしょう。このケースには複数の電子印鑑を登録しておけるほか、パスワードで保護されているため、ほかのユーザーが勝手に印鑑を押すのを防げます。

⚠ 間違った場合は？

手順2でパスワードを間違えて登録した場合は、手順3の画面で、[ファイル]メニューから[パスワードの変更]をクリックして、正しいパスワードを入力します。

③ 電子印鑑を登録する

[電子印鑑ケースツール]画面が表示された

1 [編集]をクリック

2 [自分の電子印鑑を新規作成]をクリック

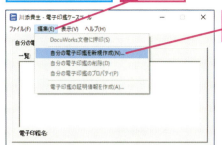

3 印鑑の画像をドラッグ

4 電子印鑑名を入力

5 [OK]をクリック

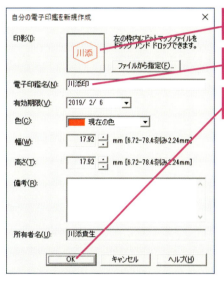

④ [電子印鑑ケースツール]画面を閉じる

電子印鑑が作成された

1 [電子印鑑ケースツールの終了]をクリック

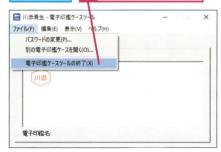

DocuWorks Viewerに戻る

HINT! 印鑑の画像を用意しておく

手順3で使用する印鑑の画像は、あらかじめビットマップファイルで用意しておきます。自分の印鑑を捺印した紙をスキャンし、ビットマップファイルとして保存します。

HINT! 電子印鑑を削除するには

[電子印鑑ケースツール]で削除する電子印鑑を選択し、[編集]メニューから[自分の電子印鑑の削除]をクリックします。

HINT! 電子印鑑ケースのパスワードを変更するには

電子印鑑ケースツールを起動し、[ファイル]メニューから[パスワードの変更]を選びます。

1 [ファイル]をクリック

2 [パスワードの変更]をクリック

3 パスワードを入力

4 パスワードを入力

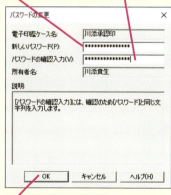

5 [OK]をクリック

次のページに続く

36 電子印鑑

できる 103

電子印鑑を押印する

1 ［電子印鑑ケースを開く］画面を表示する

DocuWorks Viewerで電子印鑑を押す文書を表示しておく

1 ［文書］をクリック
2 ［DocuWorks電子印鑑］をクリック
3 ［電子印鑑ケースツール］をクリック

2 ［電子印鑑ケースツール］を表示する

［電子印鑑ケースを開く］画面が表示された

1 ［電子印鑑ケース名］の［▼］をクリックして、電子印鑑ケースを選択
2 パスワードを入力
3 ［OK］をクリック

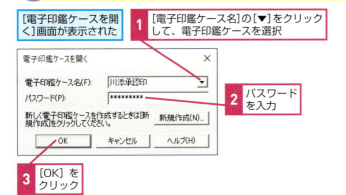

HINT! 捺印後にファイルを更新するとどうなるの？

電子印鑑を捺印した後にファイルの内容を変更すると、電子印鑑を検証した際に注意マークが現れます。この仕組みより、承認された後にドキュメントが変更されたかどうかを確認することが可能です。

ファイルを修正した電子印鑑には注意を促すマークが表示される

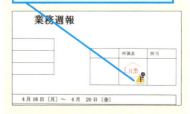

HINT! 文書に捺印する直前か、直後の状態に戻すには

電子印鑑を右クリックし、［署名直前の文書を復元］、または［署名直後の文書を復元］をクリックすると、それぞれの状態に文書を戻せます。

1 電子印鑑を右クリック

2 ［署名直後の文書を復元］をクリック

間違った場合は？

手順2で間違って別の電子印鑑ケースを開いた場合は、手順3で右上の［×］をクリックして閉じ、手順1からやり直します。

③ 電子印鑑を押印する

[電子印鑑ケースツール]が表示された

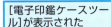
1 電子印鑑をドラッグ

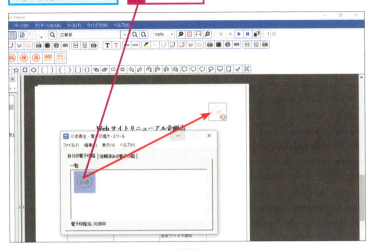

[ファイルの保存]画面が表示されたら、ファイル名を入力して保存しておく

④ 署名を検証する

電子印鑑が押印された

1 電子印鑑を右クリック
2 [署名を検証]をクリック

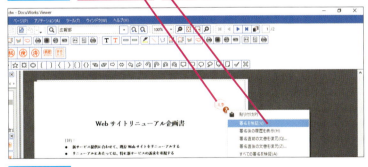

署名が検証された

電子印鑑の押印日時を確認するには

電子印鑑を右クリックして[プロパティ]を選択すると、電子印鑑名や所有者などの情報とともに、押印日時を確認することができます。

電子印鑑で文書を保護するには

DocuWorks Viewerの[文書]メニューにある[セキュリティ]-[セキュリティの設定]で、セキュリティモジュールを選択するときに、作成した電子印鑑で保護することができます。電子印鑑で保護すると、その電子印鑑が含まれた電子印鑑ケースを持つユーザーしかファイルを開けないようになります。

検証とは？

DocuWorks文書を開いた直後の状態では、そこに捺印された電子印鑑は検証されていないため、電子印鑑に「?」マークが表示されます。検証を行い、チェックマークが表示されると、捺印した後からその時点まで文書が変更されていないことになります。捺印後に変更されている場合は「!」マークが表示されます。

Point

電子印鑑で文書の改変を即座に検証できる

重要な報告書など、作成した後に改変されることで重大な問題が発生しうる場合、改変されていないことを何らかの方法で確認が必要なケースがあります。その際に利用できるのが電子印鑑で、これを利用することで押印後に改変されたかどうかが即座に検証することが可能です。なお電子印鑑の利用では、電子印鑑ケースのパスワードが重要な意味を持ちます。第三者が推測できない、強固なパスワードを設定しましょう。

この章のまとめ

書類のチェックに威力を発揮するアノテーション

会議で配布する書類、あるいは顧客に提出する提案資料を作成するといった際に、複数のメンバーでチェックして内容に誤りがないかを確認するといったことを行うのは珍しくないでしょう。従来であればプリンタで印刷した資料をチェックし、修正が必要であれば赤ペンで書き込むといった形で作業を進めていました。こうした作業をDocuWorksのアノテーション機能で行えば、修正指示の入力の手間が省けるだけでなく、チェック後のデータをメールで送信できるなど、書類のやり取りの効率化も実現できます。

また、アノテーションは本来のデータとは別に記録されているため、オリジナルのファイルが改変されないことも利点でしょう。アプリで作成したデータをほかのメンバーが直接修正する方法では、特に複数のメンバーがかかわった際にどのファイルが最新のものかがわからなくなるといった問題が発生する可能性がありますが、DocuWorksのアノテーション機能を利用すれば、そうした不安はありません。

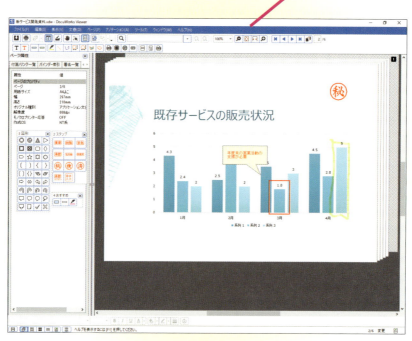

資料の意味・価値を高める
アノテーションで文書に情報を付加し、より充実した資料を目指す

第4章 DocuWorksで業務改革を推進する

DocuWorks Desk 9では、複数の環境で同じ文書を利用できる「お仕事スペース」が追加されました。これを利用すれば、会社と自宅、外出先で同じファイルを編集することが可能となります。在宅勤務や外出先での作業に活用できます。

●この章の内容
- ㊲ お仕事スペースとは ……………………………………108
- ㊳ お仕事スペースに文書を集めるには …………………112
- ㊴ お仕事スペースの文書を整理するには ………………114
- ㊵ お仕事スペースの文書を元に戻すには ………………116
- ㊶ DocuWorksの設定を端末間で共有するには ………118
- ㊷ お仕事バーで業務を効率化するには …………………120

レッスン 37

お仕事スペースとは

お仕事スペースの概要

DocuWorks 9では、場所を問わずに作業を行う機能として、新たに「お仕事スペース」が追加されました。ここでは「お仕事スペース」の詳細を見ていきましょう。

持ち運んで使える電子の机

現在、多くの企業が取り組んでいる働き方改革において、重要なポイントとなっているのは場所を問わずに働くことができる環境の構築です。特に在宅勤務を実現することができれば、育児や介護などの理由により、オフィスに出社することが困難な人でも働くことが可能となるでしょう。またワークライフバランスを考える上でも、在宅勤務の実現は有効です。この在宅勤務、あるいは外出先での業務を円滑に進めるための機能として、DocuWorks 9に搭載されているのが「お仕事スペース」です。この機能は、いつでもどこでも仕事が続けられる「ポータブルな電子の机」であり、クラウドを介して同期を行うことにより、場所や端末にとらわれることなく、文書の閲覧や編集、保存が可能となるため、職場や自宅、外出先など、場所を問わずに作業を進められます。

▶キーワード

Working Folder	p.168
お仕事スペース	p.168
クラウドサービス	p.168

働き方改革ってなに？

日本における生産年齢人口（15〜64歳）は急速に減少しており、労働力不足が深刻化しつつあります。こうした状況の中で働き手を増やし、そして労働生産性を向上するための取り組みとして広まっているのが働き方改革です。具体的な取り組みとしては、長時間労働の解消や非正規と正社員の格差是正、高齢者の就労促進などが挙げられています。

◆お仕事スペース
場所や端末にとらわれず、文書の閲覧や編集、保存ができる「ポータブルな電子の机」

お仕事スペースを活用するメリット

お仕事スペースを利用すれば、以下のようなことが実現します。場所にとらわれない働き方を実現する上で、大きなメリットのある機能であることが分かるでしょう。

●文書を集める
作業に必要な文書をお仕事スペースにすぐに集められる。

●文書を閲覧する
会社のパソコンだけでなく、スマートフォンやタブレット端末、自宅のパソコンでも集めた文書を利用できる。

●文書を編集する
お仕事スペースに集めた文書は、直接編集することができる。

●文書を保管・整理する
作業が終わった文書はもとの場所に簡単に保存できるほか、作業終了後のファイルは1つにまとめて保管することもできる。

Working Folderでお仕事スペースを同期

複数の環境の文書を同期するために、お仕事スペースで使われるのが「Working Folder」です。これは富士ゼロックスが提供するクラウドサービスで、セキュアで大容量のオンラインストレージを提供します。DocuWorks 9では、このWorking Folderに直接アクセスするための機能を備えているほか、お仕事スペースの同期にも利用されています。

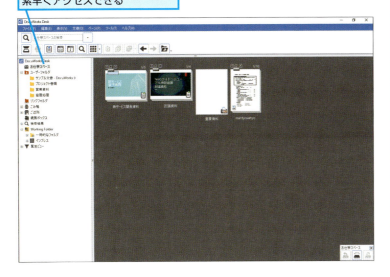

◆お仕事スペース
自宅や外出先でも、必要な書類に素早くアクセスできる

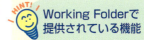

Working Folderで提供されている機能

Working Folderは法人向けのクラウドサービスであり、簡単かつスムーズに文書を格納できるほか、アクセス権限を細かく設定することが可能であり、安全に運用できるメリットがあります。また、DocuWorksのほか富士ゼロックスの複合機と連携して利用することも可能です。

Working Folderの価格

Working Folderは、ユーザー数10人で100GBの容量が使える「Working Folder 基本サービス」で月額3,500円です。サービスの詳細およびそのほかのサービスについては、Webサイトでご確認ください。

▼「Working Folder 価格」のページ
http://www.fujixerox.co.jp/product/software/workingfolder/price.html

お仕事スペースの設定

1 環境設定を開く

DocuWorks Deskを起動しておく

1 [ファイル]をクリック
2 [DocuWorksの設定]をクリック

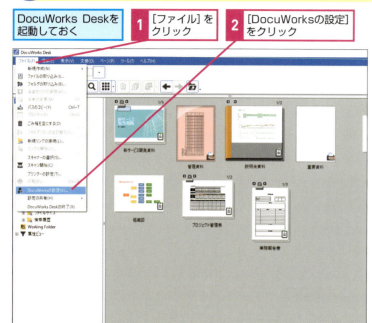

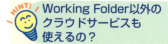

HINT! Working Folder以外のクラウドサービスも使えるの？

お仕事スペースを同期するために利用できるクラウドサービスは、Working Folderのみです。ほかのクラウドサービスを利用して同期することはできません。

2 [クラウドサービスとの連携]画面を表示する

[環境設定]画面が表示された

1 [クラウドサービス連携設定を開く]をクリック

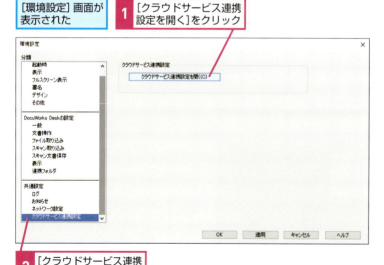

2 [クラウドサービス連携設定]をクリック

HINT! Working FolderはWebブラウザーでも使える

Working FolderはDocuWorks Deskからアクセスする以外に、Webブラウザーからアクセスできます。DocuWorks Deskがない環境でファイルを利用したい場合に便利です。

 間違った場合は？

手順4でパスワードを間違えて入力すると、「認証に失敗した」というメッセージが表示されます。元の画面に戻り、改めて正しいパスワードを入力しましょう。

③ Working Folderの設定をする

[クラウドサービスとの連携]画面が表示された

1 [クラウドサービスと連携する]をクリックしてチェックマークを付ける

2 [連絡先]の[▼]をクリックして、[Working Folder]を選択

3 [詳細]をクリック

④ Working Folderにログインする

[Working Folderログイン]画面が表示された

1 [ユーザーID]を入力

2 [パスワード]を入力

3 [パスワードを保存する]をクリックしてチェックマークを付ける

4 [OK]をクリック

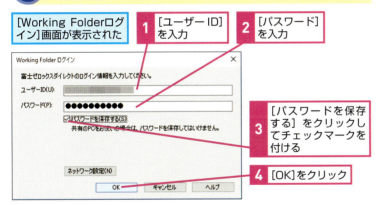

⑤ 連携先のキャビネットを選択する

[Working Folder連携先キャビネットの選択]画面が表示された

1 [キャビネット]の[▼]をクリックして、使用するキャビネットを選択

2 [OK]をクリック

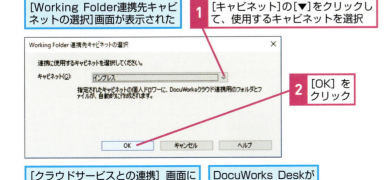

[クラウドサービスとの連携]画面に戻ったら、[OK]をクリックしておく

DocuWorks Deskが使えるようになる

 プロキシを設定するには

プロキシを設定するには、手順4の画面で[ネットワーク設定]をクリックして表示される[ネットワーク設定]画面で、プロキシサーバーの設定を入力します。

1 [プロキシを使用する]をクリックしてチェックマークを付ける

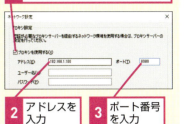

2 アドレスを入力

3 ポート番号を入力

4 [OK]をクリック

 パスワードは保存しても大丈夫?

手順4で[パスワードを保存する]にチェックマークを付けると、以降はパスワードを入力することなくWorking Folderを利用できます。ただし、複数でパソコンを使うときは、Working Folderに勝手にアクセスされる危険があるため、パスワードを保存すべきではありません。

Point

お仕事スペースで場所を気にせずに必要な作業ができる

在宅勤務や外出先で作業ができる環境を整えても、オフィスでしかできない作業があると十分な効果は得られません。しかし、DocuWorksのお仕事スペースを活用すれば、どこででも同じ書類を使って作業することが可能となり、場所を気にすることなく必要な作業を進められます。働き方改革を推進する上で、大いに役立つのではないでしょうか。

レッスン 38 お仕事スペースに文書を集めるには

お仕事スペースにコピー

お仕事スペースを使って作業を行うには、まず利用する文書を集めます。文書はDocuWorks Deskのほか、エクスプローラーからも集められます

文書をDocuWorks Deskのフォルダから集める

1 DocuWorks Deskのフォルダを開く

DocuWorks Deskを起動して、お仕事スペースに集める文書があるフォルダを表示しておく

1 ファイルを右クリック

2 ［お仕事スペースへコピー］をクリック

▶キーワード

Working Folder	p.168
お仕事スペース	p.168
フォルダ	p.169
ユーザーフォルダ	p.169
リンクフォルダ	p.169

ショートカットキー

Ctrl + W ……… お仕事スペースの表示

HINT! リンクフォルダのファイルもコピーできる

ユーザーフォルダにあるファイルと同様に、リンクフォルダにあるファイルもお仕事スペースにコピーすることができます。

リンクフォルダを表示しておく

1 ファイルを［お仕事スペース］にドラッグ

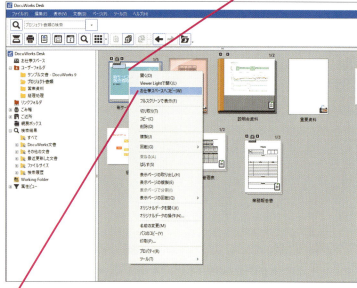

2 文書がコピーされる

お仕事スペースに文書がコピーされた

お仕事スペースにコピーしたファイルが表示された

文書をエクスプローラーから集める

1 エクスプローラーのフォルダを開く

エクスプローラーで、お仕事スペースに集めるファイルがあるフォルダを開いておく

1 ファイルを右クリック

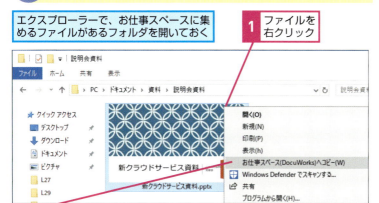

2 ［お仕事スペース（DocuWorks）へコピー］をクリック

> **HINT! Working Folderのファイルをお仕事スペースにコピーするには**
>
> Working Folderに保存されているファイルは、ドラッグしてお仕事スペースにコピーできます。

2 文書がコピーされる

お仕事スペースに文書がコピーされた

お仕事スペースにコピーしたファイルが表示された

ファイルは元のファイル形式でコピーされるので、必要に応じてDocuWorks形式に変換する

> **HINT! ドラッグしてお仕事スペースにファイルを移動する**
>
> ユーザーフォルダ内のフォルダなどを表示しておき、お仕事スペースに文書をドラッグすることもできます。ただし、この場合は「コピー」ではなく「移動」となり、元のフォルダからファイルは削除されるので注意しましょう。

お仕事スペースの内容を同期する

1 クラウドに同期する

DocuWorks Deskのお仕事スペースを表示しておく

1 ［お仕事スペース直下のファイルとクラウド上のファイルを同期］をクリック

お仕事スペースのファイルがクラウドに同期される

> **Point お仕事スペースに文書を集めてから作業する**
>
> DocuWorksで何らかの作業を行う際、お仕事スペースに必要な文書を置いておけば、場所を問わずに作業を進められるようになるので便利です。特に継続的に作業を行う必要があり、またほかの環境でも作業する可能性がある文書は、まずお仕事スペースに集めるようにしましょう。

レッスン 39

お仕事スペースの文書を整理するには

お仕事スペースの片付け

ある作業を進めている途中で、別の作業が割り込むといったことは珍しくありません。お仕事スペースは、こうした状況にも対応することができます。

1 お仕事スペースを片付ける

DocuWorks Deskを起動して、お仕事スペースを表示しておく

1 [お仕事スペースを片付ける]をクリック

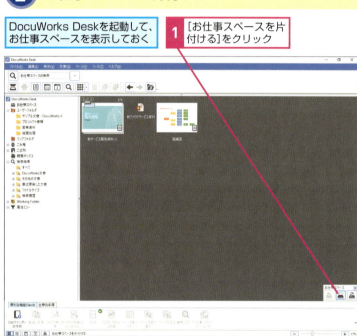

▶ キーワード

| お仕事スペース | p.168 |
| フォルダ | p.169 |

HINT! 片付けたファイルをお仕事スペースに戻すには

ファイルを片付けたフォルダを開き、お仕事スペースにファイルをドラッグすれば、元の状態に戻すことができます。この際、ほかの作業の文書と混じらないように、お仕事スペースにあるファイルを事前に片付けておくようにするとよいでしょう。

2 フォルダに名前を付ける

[お仕事スペースを片付ける]画面が表示された

1 フォルダ名を入力

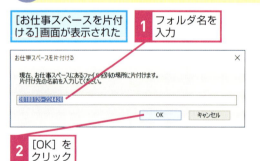

2 [OK]をクリック

HINT! フォルダ名を工夫しよう

お仕事スペースを片付けるためのフォルダは、自由に名前を付けることができます。特に複数の作業を同時並行で進めている場合など、フォルダにわかりやすい名前を付けておくとよいでしょう。

③ お仕事スペースのトップを表示する

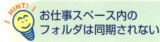
**お仕事スペース内の
フォルダは同期されない**

お仕事スペースを片付けるとフォルダが作成されますが、このフォルダはクラウドを使った同期の対象外となり、参照できるのは片付け作業を行ったパソコンだけとなります。もし、ほかの環境で使いたい場合は片付けないようにしておきましょう。

［お仕事スペース］内に、新しいフォルダが作成された

新しいフォルダにお仕事スペースのファイルが移動した

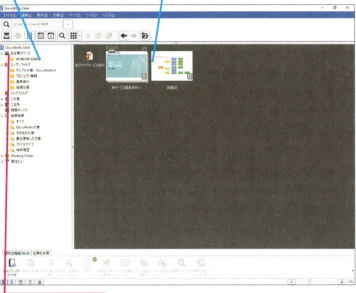

1 ［お仕事スペース］をクリック

④ お仕事スペースのトップが表示された

［お仕事スペース］が表示された

ファイルがない状態になったので、作業のための文書を改めてコピーする

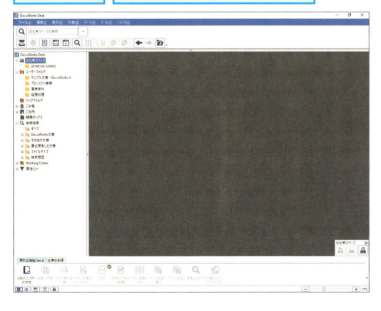

Point
**必要なファイルだけを置いて
作業効率を向上させる**

複数の作業を同時並行で行っていて、なおかつ扱っているファイルの数が増えてくると、どのファイルがどの作業に関連するものかわかりづらくなります。しかし、お仕事スペースの片付け機能を使えば、その時点の作業に必要なファイルだけをお仕事スペースに置き、それ以外のファイルをフォルダにしまう作業が素早く行えます。この仕組みを活用し、現在の作業に関係のあるファイルだけをお仕事スペースに置くようにすれば、必要なファイルを探す手間を省くことができます。

レッスン 40

お仕事スペースの文書を元に戻すには

元に戻す

お仕事スペースで作業したファイルは、ほかのフォルダのファイルと同様に編集できるほか、簡単に元の場所に戻すことができます。

1 お仕事スペースのファイルを表示する

DocuWorks Deskを起動して、お仕事スペースを表示しておく

1 ファイルをダブルクリック

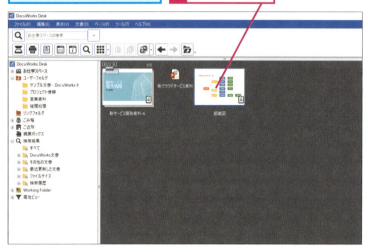

▶ キーワード

お仕事スペース	p.168
ファイル	p.169
ユーザーフォルダ	p.169

> **HINT!**
> **お仕事スペースのDocuWorks文書以外のファイルを開くとどうなる？**
>
> ユーザーフォルダと同様に、元のアプリでファイルが開きます。なお、お仕事スペースのファイルを右クリックして、表示されるメニューから［DocuWorks文書に変換］を選択すると、DocuWorks文書にできます。

2 お仕事スペースのファイルを編集する

DocuWorks Viewerが表示された

ファイルを編集しておく

1 ［×］をクリック

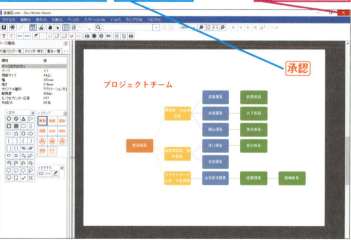

変更内容の保存を尋ねる画面が表示されたら、［はい］をクリックしておく

> ⚠️ **間違った場合は？**
>
> 手順4で間違って別のファイルの元の場所を開いた場合は、分割された画面下側から正しいファイルをクリックし、再度［元の場所を開く］をクリックします。

3 ファイルの元の場所を表示する

[DocuWorks Desk]画面に戻った

1 ファイルをクリック

2 [元の場所を開く]をクリック

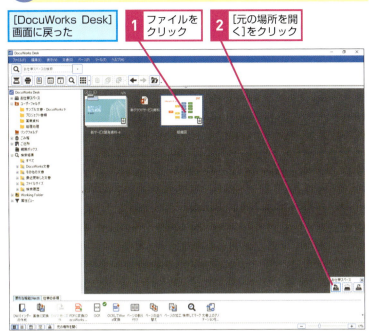

HINT! エクスプローラーから登録したファイルで元の場所を開く

エクスプローラーからお仕事スペースにコピーしたファイルを選択した状態で[元の場所を開く]をクリックすると、エクスプローラーで元のフォルダが表示されます。

1 ファイルをクリック

2 [元の場所を開く]をクリック

エクスプローラーで元のフォルダが表示された

4 画面が分割される

分割された画面の上側にファイルの元の場所が表示された

1 ファイルを元の場所にドラッグ

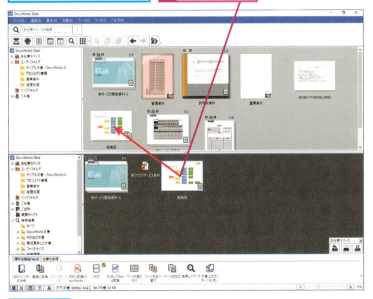

ファイルが元に戻る

Point お仕事スペースの整理整頓を心がける

お仕事スペース上のファイルは、ユーザーフォルダ内のファイルと同様に編集が可能です。ただし、さまざまな業務のファイルがお仕事スペース内に乱雑に保存されると、必要なファイルが見つかりづらくなったり、意図しないファイルを編集するといったミスが起きたりすることも考えられます。作業が終わった後はユーザーフォルダにファイルを戻すようにしましょう。

レッスン 41

DocuWorksの設定を端末間で共有するには

設定の共有

DocuWorksでは、ユーザーが行った各種設定をWorking Folderを介して別のパソコンと共有することができます。ここでは、その手順を解説します。

設定のエクスポート

1 設定内容をWorking Folderに出力する

DocuWorks Deskを起動しておく

1 [ファイル]をクリック
2 [設定の共有]をクリック

3 [エクスポート(Working Folderへ)]をクリック

設定内容がWorking Folderに出力される

設定のインポート

1 Working Folderから設定を取り込む

DocuWorks Deskを起動しておく

1 [ファイル]をクリック

2 [設定の共有]をクリック
3 [インポート(Working Folderから)]をクリック

▶ キーワード

| Working Folder | p.168 |

 Working Folderを使わずにDocuWorksの設定を共有するには

DocuWorksは、設定内容をファイルとして出力できます。ファイルを別のパソコンにコピーしてDocuWorksで取り込むと、Working Folderを使わずに設定を共有することが可能です。

手順1を参考にして、[ファイル]メニューの[設定の共有]を表示しておく

1 [DocuWorks設定のエクスポート]をクリック

2 各設定をクリックしてチェックマークを付ける

3 [エクスポート]をクリック

[名前を付けて保存]画面が表示されたら、場所を指定して保存する

[ファイル]メニューから[設定の共有] - [DocuWorks設定のインポート]をクリックして、表示される画面でファイルを選択する

❷ インポート元を選択する

[インポート元の選択]画面が表示された

ここで、どのパソコンのどの設定をインポートするかを選択する

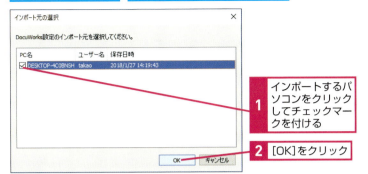

1 インポートするパソコンをクリックしてチェックマークを付ける

2 [OK]をクリック

[dwcustomize]画面が表示された

DocuWorks Deskを終了しておく

3 [再試行]をクリック

HINT! すべての設定の種類をインポートするには

[DocuWorks設定のインポート]画面で[全選択]をクリックすると、すべての設定の種類が自動的にチェックされます。反対に[全選択解除]をクリックすると、すべてのチェックボックスのチェックが外れます

1 [全選択]をクリック

❸ インポート元を選択する

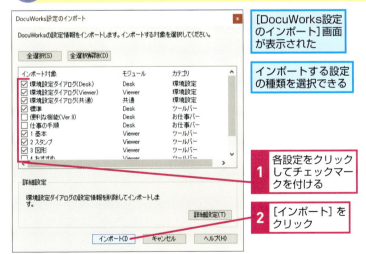

[DocuWorks設定のインポート]画面が表示された

インポートする設定の種類を選択できる

1 各設定をクリックしてチェックマークを付ける

2 [インポート]をクリック

確認画面が表示されたら、[OK]をクリックしておく

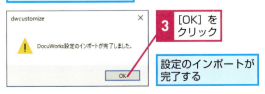

3 [OK]をクリック

設定のインポートが完了する

Point どのパソコンでも同じ設定でDocuWorksを使う

オフィスと自宅のパソコンでDocuWorksを使って作業するとき、それぞれのDocuWorksで設定が違っていると作業効率に影響が生じます。その場合、Working Folderを使うと、手軽に設定を共有でき、どちらのパソコンでも同じように作業できます。複数のパソコンでDocuWorksを使うときは、ぜひ活用しましょう。

レッスン 42

お仕事バーで業務を効率化するには

お仕事バー

日常業務を進める上で便利な機能として、DocuWorksに搭載されているのが「お仕事バー」です。積極的に活用し、業務効率を改善しましょう。

1 タブを追加する

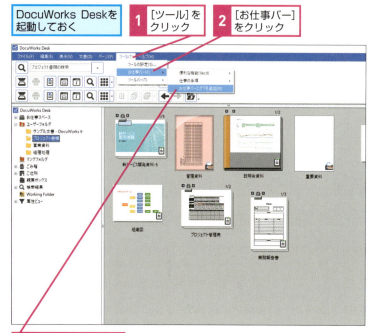

DocuWorks Deskを起動しておく
1 [ツール]をクリック
2 [お仕事バー]をクリック
3 [お仕事バーにタブを追加]をクリック

2 名前を付ける

[新しいお仕事バー]画面が表示された
1 タブ名を入力
2 [OK]をクリック

▶キーワード

| お仕事バー | p.168 |

お仕事バーってなに？

お仕事バーは、よく利用する機能をまとめておくツールバーの一種です。作業の手順に沿ってお仕事バーに機能を並べると、いちいち手順を確認することなく作業を進められます。なお、最新版のDocuWorks 9では、複数のお仕事バーを追加できます。

作業の進捗が確認できる

お仕事バーで最後に実行したボタンに自動でチェックマークが付きます。これを確認すれば、作業がどこまで進んだのかがわかります。

最後に実行したボタンにチェックマークが付く

お仕事バーを切り替えるには

複数のお仕事バーは、タブを使って切り替えることができます。

1 タブをクリック

③ 機能を追加する

| お仕事バーが追加された | 1 お仕事バーの何もない場所を右クリック | 2 [カスタマイズ]をクリック |

④ 機能を選択する

| [ツールバーの設定]画面が表示された | ここでは[ファイルの取り込み]機能を追加する | 1 [ファイル]をクリック |

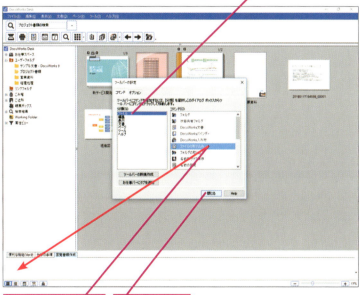

| 2 [ファイルの取り込み]をドラッグ | 3 [閉じる]をクリック |

| 機能が追加される | 手順4を参考にして、ほかの機能を追加しておく |

 お仕事バーを共有して作業を標準化するには

作業の標準化を行いたい場合にもお仕事バーは便利です。まずお仕事バーを作成し、このレッスンの手順に従って機能を並べます。続けてレッスン㊶のHINT！「Working Folderを使わずにDocuWorksの設定を共有するには」を参考に、お仕事バーの内容だけをエクスポートします。このファイルを同じ作業を行うほかのユーザーと共有し、それぞれインポートします。これで同じお仕事バーを使って作業を行えるようになります。

| 作成したお仕事バーだけをエクスポートし、ほかのメンバーと共有する |

 間違った場合は？

手順4で間違った機能を追加した場合は、その機能を右クリックして、表示されるメニューから[削除]をクリックします。

Point

お仕事バーでスピーディな作業を実現する

お仕事バーは、頻繁に利用する機能をわかりやすくまとめておける機能です。さらに、機能の配置を工夫することで、作業手順の標準化に利用することもできます。また、新バージョンでは複数のお仕事バーを作成できるようになり、業務ごとに使い分けられるようになりました。積極的に利用すれば、業務のスピードアップにつながります。

この章のまとめ

在宅勤務の実現に有効な DocuWorks

在宅勤務における大きなポイントとして、オフィスと自宅のパソコンのそれぞれで利用するファイルをどうやって同期するかが挙げられます。簡単かつコストのかからない方法としては、USBメモリにファイルをコピーして持ち運ぶ方法ですが、紛失や盗難のリスクがあり、実際にこのようにファイルを持ち運んだことで発生した情報漏えい事件は決して少なくありません。もし情報漏えいが発生すれば、企業は大きなダメージを被ることになるため、決しておすすめできません。

そこで利用できるのがクラウドです。特に昨今では、簡単にファイルをやり取りできるクラウドサービスが登場しています。ただ、個人用のクラウドサービスではセキュリティが不安でしょう。しかし、ビジネス向けに提供されているWorking Folderであれば、安全にクラウドを介してやり取りできるほか、DocuWorksと組み合わせれば、同期作業の手間もありません。このように考えると、在宅勤務の実現においてWorking FolderとDocuWorksの組み合わせは、極めて有効だと言えます。

複数の環境でファイルを同期

お仕事フォルダーを使えば、クラウド経由で容易にファイルを同期できる

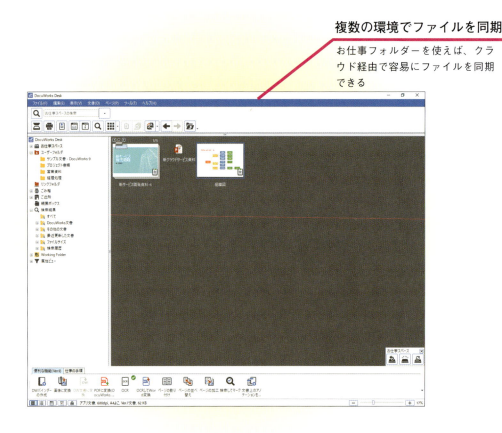

第5章 チームで情報を共有する

DocuWorksには、ネットワークやクラウドを使って複数のユーザーで情報を共有する仕組みがあり、チームで共同作業を行うプラットフォームとしても活用できます。この章では、情報共有にDocuWorksを利用する方法を解説します。

●この章の内容
- ㊸ 社内ネットワークで文書を共有するには……………124
- ㊹ ご近所Deskでファイルを共有するには………………126
- ㊺ Windowsの共有フォルダのファイルを使うには‥128
- ㊻ ファイルを共同で利用するには………………………130
- ㊼ Working Folderにファイルを保存するには…………132
- ㊽ WebブラウザーでWorking Folderを
　　利用するには……………………………………………134

レッスン 43

社内ネットワークで文書を共有するには

ご近所Desk

DocuWorksには、LAN内のDocuWorksユーザーと手軽に情報を共有する「ご近所Desk」機能が用意されています。まずは初期設定を行いましょう。

▶キーワード

お仕事バー	p.168
ご近所Desk	p.168
サーバー	p.169

1 ご近所Deskを作成する

DocuWorks Deskを起動しておく

1 [通信を開始]をダブルクリック

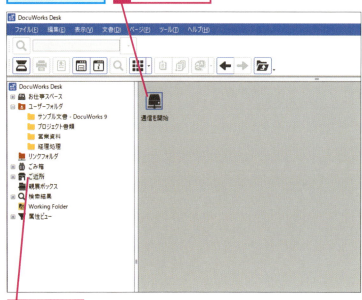

2 [ご近所]をクリック

 「ご近所Desk」ってなに？

ご近所Deskは、DocuWorks Deskに用意されたファイルを共有するための機能です。同じネットワークに接続しているパソコン同士であれば、複雑な設定を行うことなく利用することが可能で、別途ファイルサーバーなどを用意する必要はありません。なお、ご近所Deskでは、ユーザーごとに共有用のワークスペース(机)を設定し、その上でファイルを共有します。

2 自分の机に名前を付ける

[自分の机の設定]画面が表示された

1 机の名前を入力

2 [OK]をクリック

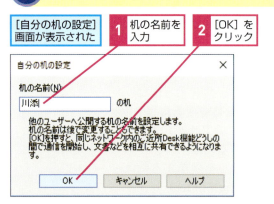

 共有を停止するには

ご近所Deskによる共有を停止するには、[ご近所]にある[通信を停止]アイコンをダブルクリックします。

1 [ご近所]をクリック

2 [通信を停止]をダブルクリック

③ ファイアウォールのブロックを解除する

[Windowsセキュリティの重要な警告]画面が表示された

1 [アクセスを許可する]をクリック

[ユーザーアカウント制御]画面が表示されたら、[はい]をクリックしておく

④ [ご近所]フォルダのツリーを開く

ワークスペースのアイコンが[通信を停止]に変わった

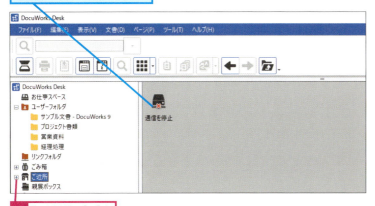

1 [ご近所]の[+]をクリック

⑤ ご近所の机が表示された

[ご近所]内のフォルダが表示された

1 [ご近所の机]の[+]をクリック

[ご近所]の通信を行っている同じネットワーク内のほかのユーザーの机が表示された

他のユーザーの机にアクセスできるようになり、同時にほかのユーザーに見せられる自分の机が用意できた

HINT! ご近所の机に素早くアクセスするには

よく利用するユーザーの机は、[お仕事バー]に追加しておくと、素早くアクセスできて便利です。

1 ユーザーの机を右クリック

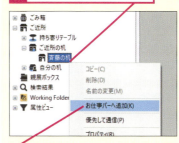

2 [お仕事バーへ追加]をクリック

[お仕事バー]にユーザーの机が追加された

⚠ 間違った場合は?

手順2で間違った机の名前を付けた場合は、手順5の画面で[自分の机]の[+]をクリックします。表示された自分の机を右クリックして[名前の変更]をクリックし、名前を変更します。

Point ファイルサーバーなどを構築せずに文書を共有する

ご近所Deskを利用するメリットは、ファイルサーバーなどを用意しなくても、DocuWorks同士で簡単に文書の共有環境が用意できる点です。特にSOHOのような規模の大きくない環境では、ファイルサーバーの構築にコストをかけたくない、ファイルサーバーを構築して運用するためのノウハウがないこともあるでしょう。その際、DocuWorksのご近所Deskを使用すると、わざわざファイルサーバーを構築することなく情報を共有できます。

レッスン 44

ご近所Deskでファイルを共有するには

ファイルの共有

ご近所Deskの設定が終わったら、ファイルを共有しましょう。自分のDocuWorks Desk上のファイルは、[自分の机]を使ってほかの人と共有します。

1 自分の机にファイルをコピーする

DocuWorks Deskを起動して共有したいファイルを表示しておく

1 ファイルをドラッグ

▶キーワード

ご近所Desk	p.168
ファイル	p.169
ユーザーフォルダ	p.169

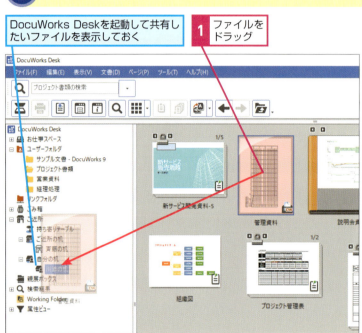

HINT! 机の名前を変更するには

[自分の机]は、初めて利用するときに名前を付けますが、この名前は後から変更することもできます。

1 自分の机を右クリック

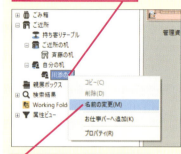

2 [名前の変更]をクリック

3 名前を入力

4 [Enter]キーを押す

2 ファイルを確認する

ファイルが自分の机にコピーされた

コピーしたファイルが自分の机に配置される

第5章 チームで情報を共有する

126 できる

③ ほかのユーザーのご近所Deskを開く

DocuWorks Deskを起動して[ご近所]を表示しておく

1 ユーザーの机をクリック
2 ファイルを右クリック

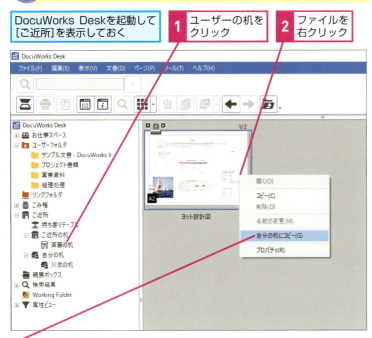

3 [自分の机にコピー]をクリック

④ ファイルを確認する

ほかのユーザーが共有しているファイルがコピーされた

1 自分の机をクリック

コピーしたファイルが自分の机に配置される

コピーしたファイルをダブルクリックすると、DocuWorks Viewerに表示される

HINT! 自分の机のファイルを他のユーザーの机にコピーする

ご近所Deskでは、自分の机にあるファイルをほかのユーザーの机にコピーできます。ほかのユーザーの机へのコピーは、フォルダ部にあるそのユーザーの机へドラッグするか、以下のようにファイルを右クリックしてメニューからファイルを送りたいユーザーの机を選びます。

1 ファイルを右クリック

2 [ご近所の机にコピー]をクリック
3 ユーザーの机をクリック

HINT! ユーザーフォルダから他のユーザーの机にはファイルをコピーできない

ご近所Deskでは、自分の[ユーザーフォルダ]内のファイルを直接ほかのユーザーの机にコピーすることはできません。1度自分の机にコピーし、その上でほかのユーザーの机にコピーする必要があります。

Point ご近所Deskで情報共有を促進して、資料作成を効率化する

日常的な資料の作成業務を効率化する上で重要となるのが、作成した資料の積極的な公開です。これまでに作成した資料が誰でも参照できる形で公開されていれば、ほかのメンバーが同様の資料を作成する際の参考にでき、場合によっては効果的に再利用されることもあるでしょう。ご近所Deskを利用すれば、ほかのメンバーへの情報の公開やその再利用をスムーズに行うことができます。

レッスン 45

Windowsの共有フォルダのファイルを使うには

リンクフォルダ

リンクフォルダは、WindowsのフォルダをDocuWorks上で操作する機能です。これを使うと、ファイルサーバー上のファイルも利用できるようになります。

▶キーワード

共有フォルダ	p.168
クラウドサービス	p.168
サーバー	p.169
サムネール	p.169
ネットワークドライブ	p.169
フォルダ	p.169
リンクフォルダ	p.169

1 新規リンクに接続する

DocuWorks Deskを起動しておく

 [リンクフォルダ]を右クリック

 [新規リンクの接続]をクリック

「リンクフォルダ」ってなに？

リンクフォルダとは、Windowsの特定のフォルダ、あるいはネットワーク上の共有フォルダをDocuWorks Deskのフォルダとして利用する機能です。特にファイルサーバー上のファイルをDocuWorks Deskから使うときに便利です。DocuWorks 9では、内部処理の最適化によってリンクフォルダを開く速度が向上され、ユーザーが素早くファイルを扱えるようになっています。

2 リンク先を表示する

[フォルダプロパティ]画面が表示された

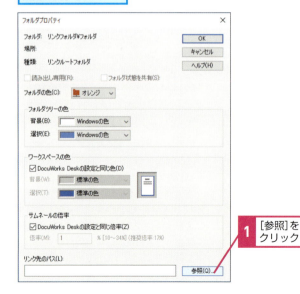

 [参照]をクリック

[フォルダプロパティ]でできること

[フォルダプロパティ]画面では、フォルダの見た目に関する設定を変更することも可能です。

[**フォルダの色**]フォルダのアイコンの色の変更。

[**フォルダツリーの色**]および[**ワークスペースの色**]ウィンドウのフォルダー部とワークスペース部の背景色とマウスでアイコンを選択しているときの色の変更。

[**サムネールの倍率**]ワークスペースに表示されるサムネールの縮小率。

③ 接続先を選択する

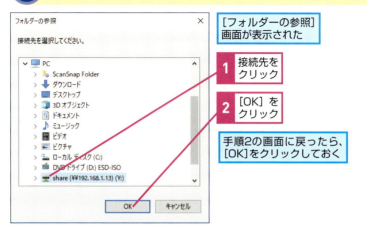

[フォルダーの参照]画面が表示された

1 接続先をクリック
2 [OK]をクリック

手順2の画面に戻ったら、[OK]をクリックしておく

④ リンクフォルダを開く

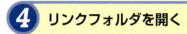

リンクフォルダが作成された

1 リンクフォルダをクリック

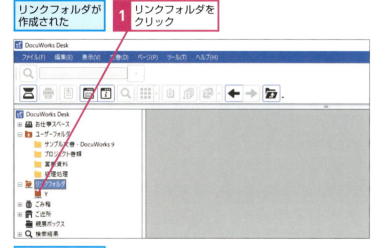

リンクフォルダの内容が表示された

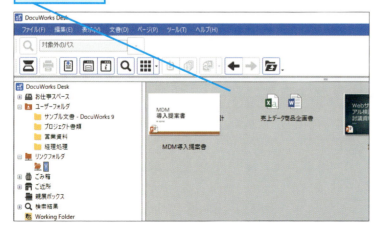

HINT! リンク先のフォルダはネットワークドライブとして登録しておく

DocuWorks Deskでネットワーク上の共有フォルダをリンクフォルダに設定するには、事前に以下のように操作してリンク先のフォルダをネットワークドライブとして登録しておきます。

1 共有フォルダを右クリック

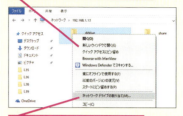

2 [ネットワークドライブの割り当て]をクリック

3 [ドライブ]の[▼]をクリックしてドライブを選択

4 [サインイン時に再接続する]をクリックしてチェックマークを付ける

5 [完了]をクリック

Point リンクフォルダでサーバー上のファイルに素早くアクセスする

業務に使う情報をDocuWorksで一元管理することに慣れると、ファイルサーバー上で共有されているファイルもDocuWorksで管理したほうが効率的になります。こうした場面で役立つのがリンクフォルダです。本格的なファイルサーバーではなく、Windowsパソコンや安価に購入できるNASなどの共有フォルダにもリンクフォルダで接続できるので、ほかのユーザー、会社のネットワーク管理者とも相談し、最適な共有方法を選びましょう。

レッスン 46

ファイルを共同で利用するには

持ち寄りテーブル

会議の前に資料を共有しておきたいときなどに便利なのが「持ち寄りテーブル」です。この机には複数のユーザーがファイルを置くことが可能です。

持ち寄りテーブルの作成

1 持ち寄りテーブルを作成する

DocuWorks Desk を起動しておく

1 [持ち寄りテーブル] を右クリック

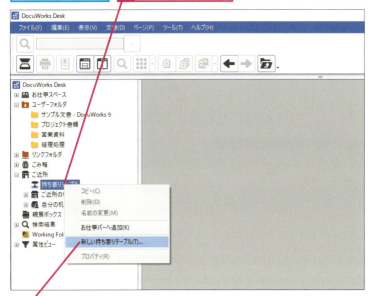

2 [新しい持ち寄りテーブル] をクリック

2 持ち寄りテーブルに名前を付ける

[新しい持ち寄りテーブルを設定]画面が表示された

1 テーブルの名前を入力

2 [OK]をクリック

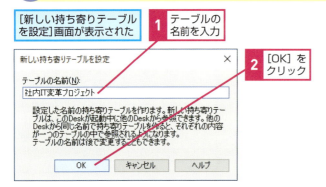

▶キーワード

ご近所Desk	p.168
ユーザーフォルダ	p.169

 「持ち寄りテーブル」ってなに？

持ち寄りテーブルとは、複数のユーザーで参照するためのファイルを置くテーブル（ワークスペース）です。

 持ち寄りテーブルにファイルをコピーするには

ユーザーフォルダに保存してあるファイルを直接持ち寄りテーブルにコピーすることはできません。ご近所Deskの自分の机に1度コピーし、そこから持ち寄りテーブルにコピーする必要があります。なお、ほかのユーザーが作成した持ち寄りテーブルにファイルをコピーする場合も同様に、まず自分の机にコピーします。

 間違った場合は？

手順2でテーブルに間違った名前付けた場合は、手順3の画面で作成した持ち寄りテーブルを右クリックします。表示されたメニューから［名前の変更］をクリックし、名前を変更します。

③ テーブルに文書を挿入する

持ち寄りテーブルが作成された

1 [持ち寄りテーブル]の[+]をクリック

2 ファイルをドラッグ

確認画面が表示されたら、[OK]をクリックしておく

持ち寄りテーブルにファイルがコピーされた

ほかのユーザーのファイルを開く

① ファイルを共有する

DocuWorks Deskを起動しておく

1 ファイルを右クリック

2 [自分からも共有する]をクリック

ファイルが共有される

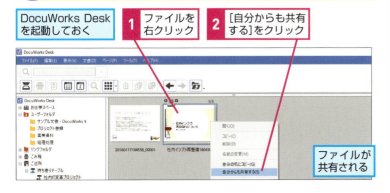

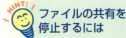

ファイルの共有を停止するには

持ち寄りテーブルにコピーした文書は、以下のように操作することで共有を停止できます。

1 ファイルを右クリック

2 [共有を止める]をクリック

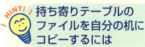

持ち寄りテーブルのファイルを自分の机にコピーするには

持ち寄りテーブルにあるほかのユーザーのファイルは、以下の方法でも自分の机に取り込めます。

1 ファイルを右クリック

2 [自分の机にコピー]をクリック

Point

持ち寄りテーブルでコラボレーションを促進する

持ち寄りテーブルの使い方としては、ほかのユーザーと共同作業するプロジェクトや業務の内容ごとにテーブルを作成し、それぞれにかかわる文書を共有するといったものが考えられます。こうして情報を共有すれば、作業を進めるためにいちいちファイルを探し回る手間が省けるほか、共同作業もスムーズに進められるでしょう。

レッスン 47

Working Folderにファイルを保存するには

アップロード、ダウンロード

DocuWorksを使うと、Working Folderに直接アクセスできます。使い勝手はもちろんDocuWorksのものなので、ファイルのアップロードやダウンロードも簡単です。

Working Folderにファイルをアップロード

1 ファイルをアップロードする

ここでは、DocuWorks Deskのフォルダにあるファイルをworking Folderにアップロードする

アップロードするファイルがあるフォルダを開いておく

1 ファイルをドラッグ

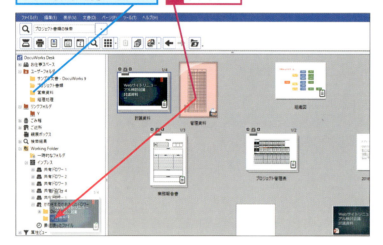

2 アップロードしたファイルを確認する

ファイルがアップロードされた

1 ドロワー／フォルダをクリック

アップロードしたファイルが表示された

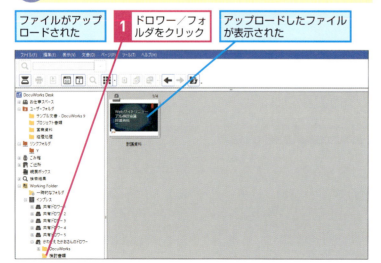

▶ キーワード

Working Folder	p.168
ファイル	p.169
フォルダ	p.169

HINT! キャビネットとドロワー、フォルダの違い

Working Folderでは、最上位にキャビネットがあり、その下にドロワー、そのドロワーの中にフォルダという階層構造でファイルを管理します。キャビネットは、契約ユーザー企業ごとに割り当てられる「倉庫」にあたるもので、管理者やユーザーが作成することはできません。キャビネットの下位にあるドロワーは管理者が作成する「棚」で、部門やプロジェクトなど、用途に応じて作成することができる「引き出し」的な存在です。フォルダは一般のユーザーも作成可能で、文書の分類・整理などに使えます。

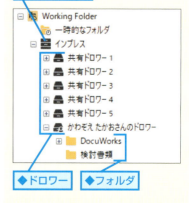

第5章 チームで情報を共有する

132 できる

Working Folderのファイルをダウンロード

1 ファイルをダウンロードする

ダウンロードするファイルがある ドロワー／フォルダを開いておく

1 ファイルを ドラッグ

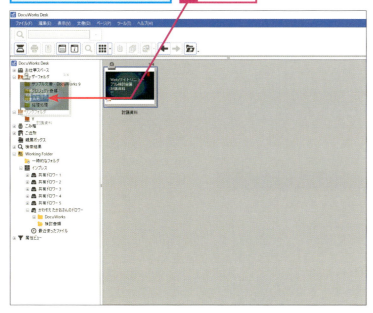

2 ダウンロードしたファイルを確認する

ファイルがダウンロードされた

1 ユーザーフォルダをクリック

ダウンロードしたファイルが表示された

HINT! ほかの人とファイルを共有するには

Working Folderでは、［共有ドロワー］を利用することで、簡単にほかのユーザーとファイルを共有できます。共有ドロワーを利用できるのは、Working Folderにユーザー登録されているユーザーに限ります。社外の人にWorking Folderのファイルを見せるには、Webブラウザーで、［文書公開］の設定が必要です。詳しい方法は、レッスン㊽のHINT!を参考にしましょう。

HINT! ドロワーの中にフォルダを作成するには

フォルダを作成したドロワーを開き、ワークスペース部を右クリックして［新規フォルダ作成］を選びます。

1 ドロワーを右クリック

2 ［新規フォルダ作成］をクリック

Point
Working Folderで情報漏えい対策も行える

機密情報が保存されているパソコンやUSBメモリーの置き忘れや盗難による情報が漏えいしたという事件は今も続発しています。物理的な紛失・盗難のリスクを避けるなら、安全性が十分に確保されたクラウドサービスの利用が確実です。Working Folderにファイルを保存しておけば、どこからでも参照することが可能になるため、機密情報を物理的に持ち歩くといった危険を冒さずに、安全に自宅作業が可能になります。DocuWorksとの連携も図られているので、DocuWorksユーザーには最適なサービスと言えます。

レッスン 48

WebブラウザーでWorking Folderを利用するには

Webブラウザーで操作

Working FolderはWebブラウザーからアクセスすることもできます。Webブラウザーと組み合わせれば、DocuWorks 9がなくてもDocuWorks文書を確認できます。

▶キーワード

DocuWorks Viewer	p.168
DocuWorks文書	p.168
Working Folder	p.168

1 Working Folderにログインする

WebブラウザーでWorking Folderのログインページにアクセスしておく

ユーザーIDを入力

パスワードを入力　[ログイン]をクリック

HINT! DocuWorks Viewer Lightを利用する

「DocuWorks Viewer Light 9」はDocuWorks文書を開くアプリ（無料）です。「DocuWorks Viewer Light 9」を利用すれば、DocuWorks 9がインストールされていない環境でも、WebブラウザーでWorking Folderからダウンロードした文書を開いて参照することができます。

▼DocuWorks Viewer Light 9のダウンロードページ
https://www.fujixerox.co.jp/download/software/docuworks/download101/

2 ドロワーを開く

[Working Folder]のページが表示された

ドロワーをクリック

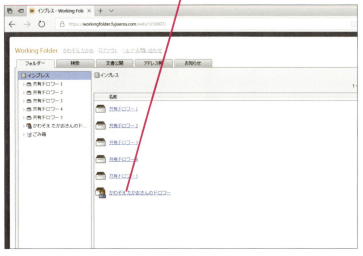

HINT! [ドロワー]ってなに？

Working Folderでは、最上位にキャビネットがあり、その下にドロワー、その下にフォルダという階層構造でファイルを管理します。キャビネットは契約ユーザー企業ごとに割り当てられ、管理者やユーザーが作成することはできません。ドロワーは管理者が扱え、部門やプロジェクトなどの用途に応じて作成します。フォルダは一般ユーザーも作成可能で、文書の分類や整理に使えます。

第5章 チームで情報を共有する

❸ DocuWorks文書をダウンロードする

| ドロワーの内容が表示された | **1** フォルダをクリック | **2** ［操作メニュー］をクリック |

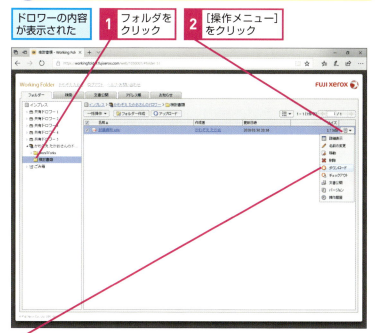

3 ［ダウンロード］をクリック

❹ DocuWorks文書を保存する

| メッセージが表示された | **1** ［保存］をクリック | 文書が保存される |

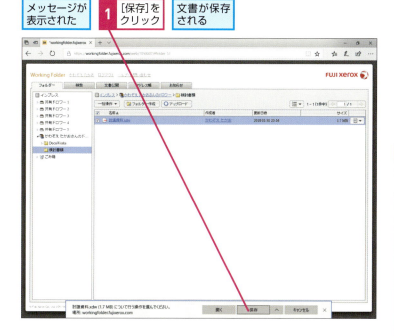

HINT! 社外の人とファイルを共有するには

社外の人とWorking Folderのファイルを共有するには、手順3で［文書公開］をクリックして、表示される［文書公開］画面からメールで通知します。

1 ［文書公開］をクリック

HINT! ファイルをアップロードするには

WebブラウザーからWorking Folderにファイルをアップロードすることもできます。

1 ［アップロード］をクリック

2 ［選択］をクリックして、ファイルを選択

3 ［登録］をクリック

Point
Working Folderは在宅勤務環境の整備にも役立つ

Working Folderの利点は、インターネットに接続されていれば、どこからでもアクセスできることです。たとえば在宅勤務の環境を整えるとき、自宅で作業している人とオフィスの従業員でファイルをやり取りする場面で、Working Folderは便利に使えるでしょう。

48 Webブラウザーで操作

この章のまとめ

チームの情報も DocuWorks で効率的に活用

部門や部署、あるいはプロジェクトチームのメンバーなどにおけるスムーズな情報共有のための基盤は、作業効率に大きな影響を及ぼします。DocuWorks Deskは基本的に個々のアプリで利用するためのアプリですが、ドキュメントを共有してコラボレーションを推進するための機能も豊富に備えているため、チームとしての作業効率を高めたいといった場面においても、強力なパートナーとして活用できます。

もちろん、クラウドサービスであるWorking Folderとの連携も魅力で、社外の人と共同作業を行うといった場面で大いに活用することができるでしょう。

いずれにしても、多くの業務が複数の人々がかかわるチームで進められている以上、個々の従業員の作業効率の向上だけでは全体最適にはつながりません。ぜひ現状のコラボレーション環境を再点検し、DocuWorksを利用した作業効率の向上に取り組んでみてはいかがでしょうか。

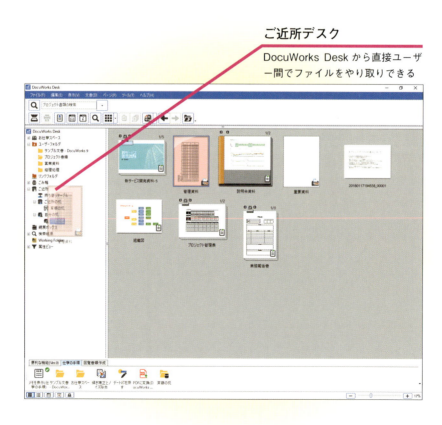

ご近所デスク
DocuWorks Desk から直接ユーザー間でファイルをやり取りできる

第6章 外出先やモバイル環境で情報を利用する

外出先で作業をするといった目的のために、ビジネスの現場においてもスマートフォンやタブレット端末が急速に普及しています。DocuWorksでは、これらの端末で使えるアプリとして「DocuWorks Viewer Light」を提供しており、外出先でもDocuWorks文書を参照できます。この章では、モバイル端末でDocuWorks文書を利用する方法を解説します。

●この章の内容

㊾ モバイル端末でDocuWorks文書を利用するには‥138
㊿ モバイル端末で文書を見るには……………………144
(51) DocuWorksでまとめた文書を
モバイル端末で見るには…………………………………148
(52) モバイル端末で文書を操作するには…………………150
(53) モバイル端末でメモを書き込むには…………………152
(54) モバイル端末で文書をメールで送るには……………156
(55) モバイル端末でWorking Folderに
アップロードするには……………………………………158

レッスン 49

モバイル端末でDocuWorks文書を利用するには

モバイル版DocuWorks Viewer Light

モバイル端末プラットフォーム向けに提供されているDocuWorks Viewerを利用すると、外出先でもDocuWorks形式のファイルを閲覧できます。

モバイル端末用ビューアーアプリが利用できる

富士ゼロックスでは、Android や iPhone、iPad で DocuWorks 文書のファイルを参照するための専用アプリとして「DocuWorks Viewer Light（Android版）」と「DocuWorks Viewer Light（iOS版）」をそれぞれ提供しています。

▶キーワード

DocuWorks入れ物	p.168
DocuWorks文書	p.168
PDF	p.168
Working Folder	p.168
アノテーション	p.168
入れ物	p.168
お仕事スペース	p.168
バインダー	p.169

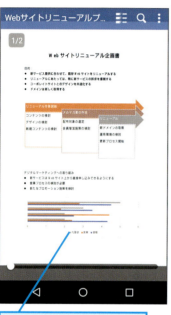
◆DocuWorks Viewer Light（Android版）

◆DocuWorks Viewer Light（iOS版）

DocuWorks Viewer Lightをインストールするには

モバイル版DocuWorks Viewer Lightは、Android版は「Google Play」から、iOS版は「App Store」からインストールすることができます。

Android版とiOS版は同じように操作できる

端末ごとのスペックの違いや、一部ボタンアイコンのデザインの違いなどはありますが、基本的な操作や使い勝手は、Android版とiOS版で大きな違いはありません。ただし、ファイルの保存については、内蔵または外部メモリーに気軽にアクセスできるAndroidと、保存場所がアプリごとに決められているiOSとで、作法が大きく異なります。

モバイル端末で利用できる機能

モバイル版のDocuWorks Viewer Lightが開けるファイルは、Ver.4以降のDocuWorksで作成されたDocuWorks文書、DocuWorksバインダー、DocuWorks入れ物の3種類です。文書に含まれたアノテーションを閲覧でき、文書にメモを書き込めます。また、iOS版ではPDFやOffice文書の表示も可能です

HINT! 外出先でDocuWorks文書が参照できる

移動中の電車でプレゼンテーションで使用する資料を見返したいときに、資料をDocuWorks文書に変換してスマートフォンに保存しておくと、DocuWorks Viewer Lightで確認することができます。また、アノテーション機能を利用すると、メモを書き込むこともできます。

DocuWorks入れ物やバインダーの参照も可能

アノテーションが表示できるほか、アノテーションの付加にも対応する

次のページに続く

Working Folderの設定

DocuWorks Viewer LightでWorking Folderの設定を行うと、パソコンのDocuWorks Deskの「お仕事スペース」に置いたファイルにアクセスすることが可能です。

1 設定画面を表示する

注意 以降のレッスンでは、Android搭載スマートフォンでの操作を解説していきます。なお、機種やOSバージョンによっては一部画面や操作が異なる場合があります。

DocuWorks Viewer Lightを起動しておく

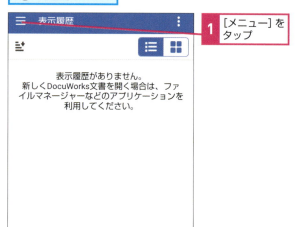

1 [メニュー]をタップ

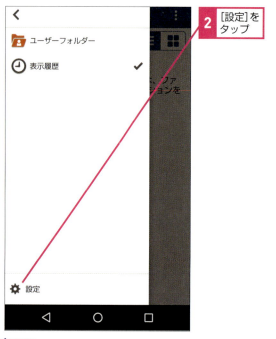

2 [設定]をタップ

> **HINT! iOS版DocuWorks Viewer LightでWorking Folderを設定するには**
>
> iOS版でも、基本的にAndroid版と同様の手順でWorking Folderの設定が行えます。

DocuWorks Viewer Lightを起動し、メニューを表示しておく

1 [設定]をタップ

2 [Working Folderの設定]をタップ

3 [Working Folderを使用する]をタップ

4 [アカウント管理]をタップ

表示された画面でユーザーIDとパスワードを入力し、[ログイン]をタップする

❷ Working Folderの使用を設定する

[設定]画面が表示された

1 [Working Folderを使用する]をタップしてチェックマークを付ける

2 画面を上にスワイプ

3 [アカウント管理]をタップ

Working Folderを設定しなくてもDocuWorks Viewer Lightは使えるの？

Working Folderを設定しなくても、スマートフォンにすでに保存されていたり、メールで受信したりしたDocuWorks文書を参照するためにDocuWorks Viewer Lightを使用することができます。

表示履歴ってなに？

DocuWorks Viewer Lightでは、表示したDocuWorks文書の履歴が記録されています。履歴を参照するには、メニューから[表示履歴]を選択します。

1 [表示履歴]をタップ

❸ Working Folderにログインする

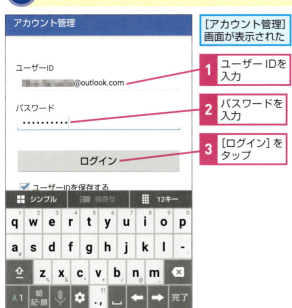

[アカウント管理]画面が表示された

1 ユーザーIDを入力

2 パスワードを入力

3 [ログイン]をタップ

次のページに続く

❹ [設定] 画面に戻る

Working Folderに
ログインされた

1 [戻る]を
タップ

以前の表示状態を記憶させるには

DocuWorks Viewer Lightでは、再び文書を開いたときに、前回閉じたときの表示状態を復元することが可能です。この機能を利用するには、[設定]画面の[表示状態の記憶]にチェックマークを付けます。また、[前回表示した場所を記憶する]にチェックマークを付けると、アプリの起動時に前回の場所が開いた状態で起動します。

1 [表示状態の記憶]をタップしてチェックマークを付ける

❺ お仕事スペースを設定する

[設定]画面に戻った

1 [お仕事スペースで使用するキャビネット]をタップ

❻ キャビネットを選択する

[キャビネットの選択]画面が表示された

1 [お仕事スペース]で使用するキャビネットをタップ

2 [戻る]をタップ

7 メニューを表示する

メインの画面に戻った

1 [メニュー]をタップ

8 お仕事スペースを表示する

メインの画面に戻った

1 [お仕事スペース]をタップ

9 アノテーションファイルを取り込む

アノテーションファイルの取り込み確認画面が表示された

ここではアノテーションファイルを取り込む

1 [OK]をタップ

お仕事スペースが表示された

お仕事スペースの表示を更新するには

以下の操作を行うとWorking Folderに保存されているお仕事スペースの内容で、表示内容を更新することができます。

お仕事スペースを表示しておく

1 [更新]をタップ

Point
パソコンで作成したファイルを外出先で参照する

気軽に持ち運んで好きな場所で使えるスマートフォンやタブレット端末は、社外での業務に活用できるビジネスデバイスとして多くの企業で利用されています。さらにDocuWorksを組み合わせると、お仕事スペースに置いたファイルを外出先でも素早く参照することが可能であり、外出先での業務の効率化に役立ちます。積極的に活用しましょう。

レッスン 50

モバイル端末で文書を見るには

ファイルの表示

DocuWorks Viewer Lightでは、お仕事スペースのファイルやメールに添付されたDocuWorks文書を閲覧できます。検索機能や付箋を利用することも可能です。

お仕事スペースのファイルを開く

1 ファイルを開く

お仕事スペースを表示しておく

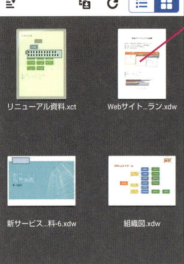

1 ファイルをタップ

2 ファイルが表示される

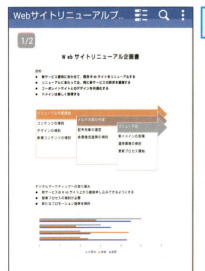

ファイルの内容が表示された

▶キーワード

DocuWorks文書	p.168
Working Folder	p.168
お仕事スペース	p.168
ファイル	p.169
ページ	p.169

HINT! 文書をスクロールするには

ファイルの内容が画面に収まらない場合、スワイプ操作を行うことでスクロールすることができます。

HINT! 文書の一部を拡大するには

ファイルを開いた状態で、拡大したい部分に対して2本指でピンチアウト（2本の指を離すように動かす）をすれば、その部分を中心に拡大することができます。縮小する場合は逆にピンチイン（2本の指をくっつけるように動かす）します。

 1 画面をピンチアウト

表示内容が拡大された

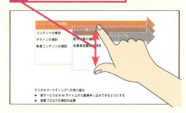

DocuWorks文書のページをめくる

1 次のページを表示する

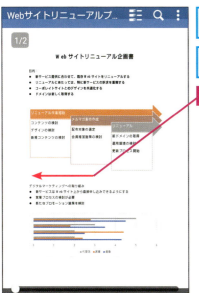

DocuWorks文書を
表示しておく

ここでは次のページを
表示する

1 左にスワイプ

2 ページが切り替わった

次のページが
表示された

右にスワイプすると、
前ページに戻る

HINT! ページ番号を指定して移動するには

左上に表示されているページ番号を
タップすると、ページ数を指定して移
動するための画面が表示されます。

1 ページ数をタップ

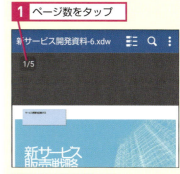

2 ページ番号を入力

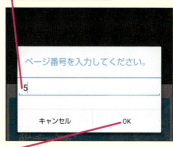

3 [OK]をタップ

次のページに続く

DocuWorksの文書から文字を検索する

1 検索バーを表示する

DocuWorks文書を開いておく

1 文章をタップ

ナビゲーションバーが表示された

2 [検索]をタップ

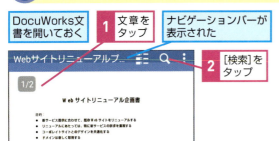

2 文字を検索する

検索バーが表示された

1 キーワードを入力

2 [検索]をタップ

キーワードを含むページが表示された

キーワードはハイライト表示される

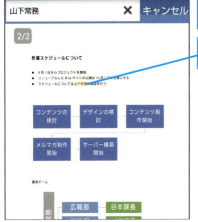

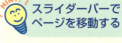

スライダーバーでページを移動する

画面をタップすると画面下部に表示される、スライダーバーを左右に動かすことでもページを移動できます。

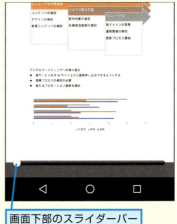

画面下部のスライダーバーでもページ送りができる

外出先やモバイル環境で情報を利用する　第6章

テクニック　Working Folderを利用する

DocuWorks Viewer Lightでは、Working Folder内のファイルにアクセスすることもできます。たとえば、ほかのユーザーとの共有にWorking Folderを利用している場合、DocuWorks Viewer Lightを使えば外出先でも共有されたファイルにアクセスして内容を参照することができます。

お仕事スペースだけでなく、Working Folderを開いてDocuWorks文書を参照することもできる

付箋一覧からページを開く

1 付箋の一覧を表示する

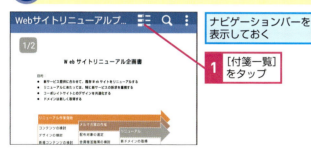

ナビゲーションバーを表示しておく

1 [付箋一覧]をタップ

2 付箋箇所を表示する

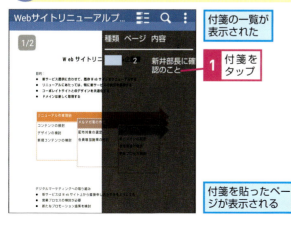

付箋の一覧が表示された

1 付箋をタップ

付箋を貼ったページが表示される

HINT! ページのめくり方向を切り替える

縦書きの文書などを利用する際など、ページをめくるときのスワイプ動作の方向を反転させるには、メニューキーを押して[めくり方向]をタップし、[縦書き（右とじ）]を選択します。

Point　DocuWorksを利用して書類を持ち運ぶ負担を軽減する

DocuWorks Viewer Lightは、スマートフォンだけでなく、7インチ、10インチクラスのタブレット端末にももちろん対応しています。画面が大きく直感的に操作できるタブレット端末は、ドキュメントを参照するための端末として非常に有用です。DocuWorks Viewer Lightとタブレット端末を組み合わせれば、営業活動に必要な商品カタログや提案資料、社外での作業中に参照するマニュアルなどをデジタルデータのまま持ち運べるようになるため、移動時の負担やユーザビリティを大幅に改善できます。

レッスン 51

DocuWorksでまとめた文書を モバイル端末で見るには

複数の文書などを収納したDocuWorks入れ物やバインダーもモバイル端末で利用できます。入れ物を開き、収納されている中の文書を閲覧してみましょう。

内容

1 DocuWorks入れ物の内容を表示する

DocuWorks入れ物をDocuWorks Viewer Lightで表示しておく

1 画面をタップ

2 [内容]をタップ

DocuWorks入れ物上のアノテーションはモバイル端末でも表示される

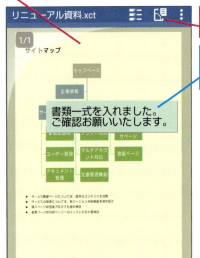

▶キーワード

DocuWorks入れ物	p.168
DocuWorks文書	p.168
アノテーション	p.168
入れ物	p.168
バインダー	p.169

HINT! 入れ物の中にあるファイルを保存する

入れ物の中にあるファイルは、個別に選択してスマートフォン内のストレージに保存することができます。

[内容]画面を表示しておく

1 ファイルを長押し

2 保存先を入力

3 ファイル名を入力

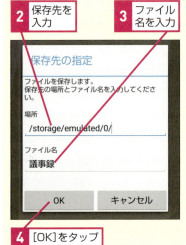

4 [OK]をタップ

2 ドキュメントを選択する

[内容]画面が表示された

ここではDocuWorks入れ物の中に入っているバインダーを開く

1 バインダーをタップ

③ バインダー内の文書を一覧表示する

バインダーが表示された

1 [バインダー]をタップ

束ねたファイルを開くとどうなるの？

DocuWorks Viewer Lightは複数の文書を束ねた文書も開くことが可能です。WindowsのDocuWorks Viewerで開いたときと同様に、複数ページが連続した文書として表示されます。

④ ファイルを開く

バインダー内の文書が一覧表示された

1 文書をタップ

文書が表示された

Point
モバイル環境でバインダーや入れ物を活用する

複数のDocuWorks文書をメールで送るとき、いちいち文書をメールに添付するのは面倒です。モバイル端末でもDocuWokrsバインダーや入れ物が利用できるので、これらを利用して1つにまとめて送信するのが便利です。受け取る側もひとまとめになった文書なら全体が把握しやすく、見落としも少なくなります。

レッスン 52

モバイル端末で文書を操作するには
ファイルのダウンロード

DocuWorks Viewer Lightを使って、お仕事スペースにあるファイルをダウンロードすることも可能です。モバイル端末にファイルを保存するときに便利です。

1 ファイルを選択する

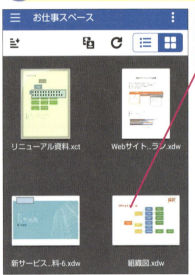

お仕事スペースを表示しておく

1 ファイルを長押し

▶ キーワード

Working Folder	p.168
お仕事スペース	p.168
ファイル	p.169
ユーザーフォルダ	p.169

> **HINT!** ダウンロードしたファイルを見るには
>
> 以下のように操作すると、「ユーザーフォルダー」に保存したファイルを参照できます。

1 [メニュー]をタップ

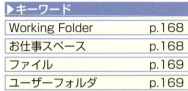

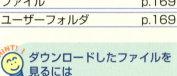

2 [ユーザーフォルダー]をタップ

2 ファイルをダウンロードする

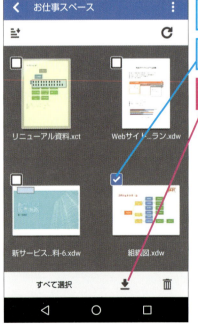

ファイル選択画面が表示された

選択したファイルにはチェックマークが付く

1 [ダウンロード]をタップ

③ 保存先を設定する

[ユーザーフォルダー]画面が表示された

1 [ここに保存]をタップ

④ ダウンロードが完了した

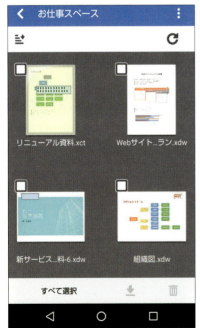

ファイルがダウンロードされた

ファイル選択画面が表示された

ファイルを削除するには

お仕事スペースやユーザーフォルダーなどを表示し、長押ししてファイルを選択した後、[ごみ箱]ボタンをタップすると、ファイルを削除できます。

1 ファイルを長押し

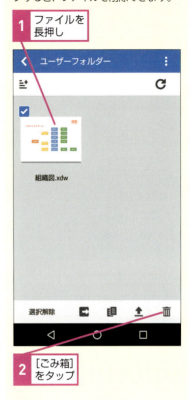

2 [ごみ箱]をタップ

Point
ユーザーフォルダーにはいつでもアクセスできる

Working Folderはインターネットに接続できればいつでもモバイル端末からアクセスできますが、場合によってはインターネットに接続できないケースもあるでしょう。また回線が不安定でファイルの参照に時間がかかるといったことも起こりえます。そのため、いつでも素早く参照したいファイルは、ユーザーフォルダーに保存しておくと安心です。

レッスン 53

モバイル端末で メモを書き込むには

編集

DocuWorks Viewer Lightでは、アノテーション機能で文書に付箋を貼り付けたり、メモを書き入れたりすることができます。外出先などでの作業に役立てましょう。

▶キーワード

アノテーション	p.168
ファイル	p.169

付箋を貼り付ける

1 アノテーション編集機能を表示する

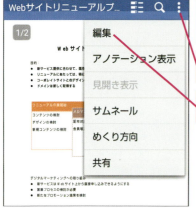

DocuWorks Viewer Lightでメモを書き込むファイルを表示しておく

1 [メニュー]をタップ
2 [編集]をタップ

2 ファイルを保存する

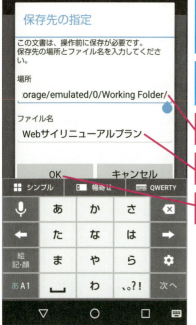

お仕事スペースのファイルを直接開いたときや、端末上に保存していないファイルでは[保存先の指定]画面が表示される

端末上のメモリやSDカードなどに保存したファイルを開いた場合は手順3に進む

1 保存場所を入力
2 ファイル名を入力
3 [OK]をタップ

> **HINT!**
> 文書内のスタンプをほかの文書で再利用するには
>
> 文書内に押されているスタンプをアノテーションとして取り込んで登録すると、ほかの文書に同じスタンプを貼り付けられます。
>
> スタンプを貼り付けたファイルを開き、手順1を参考に[編集]画面を表示しておく
>
> 1 スタンプをタップ
>
>
>
>
>
> 2 [アノテーションを追加する]をタップ
> 3 [はい]をタップ
>
>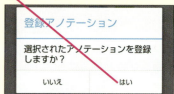
>
> アノテーションが利用できるようになった
>
>

外出先やモバイル環境で情報を利用する 第6章

3 付箋を用意する

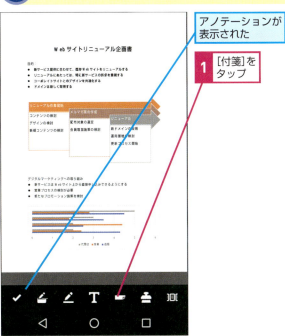

アノテーションが表示された

1 [付箋]をタップ

HINT! アノテーションの色を選ぶには

手順4の画面で貼り付けるアノテーションの色を選択できます。

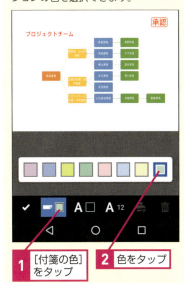

1 [付箋の色]をタップ
2 色をタップ

4 付箋を貼る

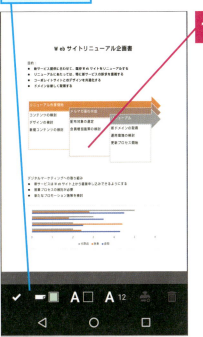

付箋のメニューが表示された

1 文書をタップ

次のページに続く

⑤ 付箋に書き込む

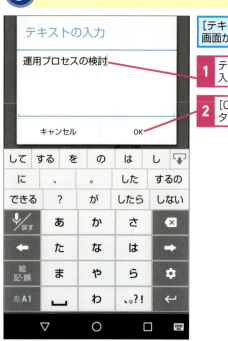

[テキストの入力] 画面が表示された

1 テキストを入力
2 [OK] をタップ

⑥ 付箋が表示される

付箋が貼り付けられた

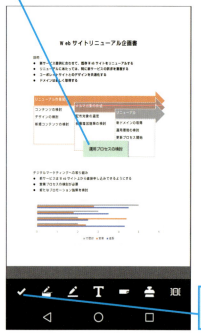

付箋を貼り付けたら、[完了] をタップして、アノテーション機能を終了しておく

アノテーションの位置を変更するには

アノテーションの位置を変更するにはアノテーションをタップして選択し、スワイプします。

1 アノテーションをタップ

2 アノテーションをスワイプ

アノテーションを削除するには

アノテーションをタップして選択状態にしたあと、画面下部に表示される [ごみ箱] のアイコンをタップします。

アノテーションの編集結果を保存する

アノテーションの編集が完了したあと、端末の [戻る] キーを押したり、[表示履歴] をタップして閲覧する文書を切り替えようとしたりすると、編集した文書を保存するかどうかを確認する画面が表示されます。添付したアノテーションを保存するには、[保存する] をタップします。

マーカーで書く

① マーカーのメニューを表示する

アノテーションメニューを表示しておく

1 [マーカー]をタップ

② マーカーで書く

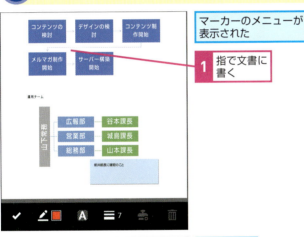

マーカーのメニューが表示された

1 指で文書に書く

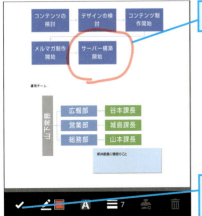

マーカーが表示された

マーカーで書き終えたら、[完了]をタップして、アノテーション機能を終了しておく

 マーカーで書き込んだ内容を移動・削除するには

マーカーで書き込んだ内容の一部をタップして選択し、再度タップしたあとにそのままスワイプすると位置を変更することができます。削除するには、選択したあとに画面下部にある[ごみ]箱のアイコンをタップします。

 マーカーの色や太さを変更するには

書き込んだマーカーは、以下の操作で色や太さを変更することが可能です。

1 [マーカー]をタップ

2 ここをタップ　**3** 色をタップ

Point
アノテーション機能を使えば手書きでメモを書き込める

DocuWorks Viewer Lightは、アノテーション機能が利用できるため、外出中の時間を使って資料をチェックして、必要な修正指示を書き込むといったことが可能です。特にマーカー機能は便利で、スマートフォンやタブレット端末のタッチスクリーンを用いて、修正指示やメモを直接手で書き込めます。アノテーション機能を頻繁に利用するのであれば、タッチスクリーン用のペンを1本用意しておくとよいでしょう。

レッスン 54

モバイル端末で文書をメールで送るには

共有

DocuWorks Viewer Lightで開いている文書は、多くのアプリと同様に、共有メニューを使ってメールアプリを呼び出し、添付ファイルとして送信できます。

▶キーワード

DocuWorks文書	p.168
Working Folder	p.168
クラウドサービス	p.168
ファイル	p.169

1 ファイルを共有する

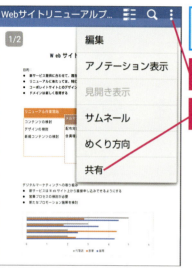

DocuWorks Viewer Lightで共有するファイルを表示しておく

1 [メニュー]をタップ
2 [共有]をタップ

2 ファイルを保存する

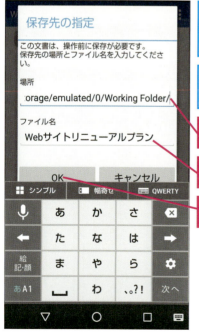

お仕事スペースのファイルを直接開いたときや、端末上に保存していないファイルでは[保存先の指定]画面が表示される

端末上のメモリやSDカードなどに保存したファイルを開いた場合は手順3に進む

1 保存場所を入力
2 ファイル名を入力
3 [OK]をタップ

HINT! メール以外の方法でファイルを共有するには

特にDocuWorks文書のファイルサイズが大きい場合、メールでは送信できない可能性もあります。その場合、Working Folderのような高いセキュリティ性能を備えた商用のクラウドサービスを利用すれば、安全に大容量のファイルを受け渡せます。DropboxやGoogleドライブ、SkyDriveなどの個人向けのクラウドストレージサービスで共有するという方法も利用できます。ただし、これらのサービスの利用については、データやサービスの補償に制限があり、セキュリティの面から企業によっては利用を制限している場合もあります。利用に際しては、事前に社内のセキュリティ対策ルールなどを確認の上、情報の取り扱いには十分に注意しましょう。

③ アプリを選択する

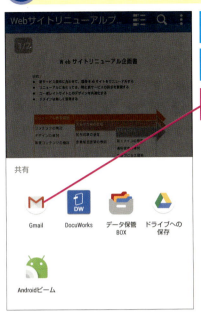

[共有]画面が表示された

ここでは[Gmail]アプリで送信する

1 [Gmail]をタップ

複数のDocuWorks文書をメールで送るには

DocuWorks Viewer Lightでは、共有機能を使って送信できるDocuWorks文書は1つだけになります。複数のDocuWorks文書を送るには、あらかじめ端末にDocuWorks文書を保存して、メールアプリでそれぞれの文書を添付します。

④ ファイルを送信する

[Gmail]アプリが起動して、メール作成画面が表示された

ファイルがメールに添付された

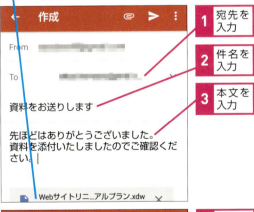

1 宛先を入力
2 件名を入力
3 本文を入力

4 ここをタップ

添付メールが送信される

Point

モバイル端末に適した共有方法を検討しよう

DocuWorks Viewer Lightの基本的な構造や使い方の作法は、一般的なAndroid、またはiOSのアプリのものと同様なので、[共有]機能を使って、文書をメールやその他のアプリで送信することも可能です。このレッスンではごく基本的な共有方法としてメールでの送信を利用しましたが、Wi-FiやBluetoothの活用、クラウドサービスによるファイル共有など、利用できる方法はこのほかにも数多くあります。ただし、モバイル端末を利用したファイルの共有は、常にセキュリティのリスクを意識する必要があります。会社のセキュリティ対策ルールなども考慮し、最適な方法を検討しましょう。

レッスン 55

モバイル端末でWorking Folderにアップロードするには

アップロード

DocuWorks Viewer Lightでは、ファイルのダウンロードだけでなく、モバイル端末内のファイルをWorking Folderにアップロードすることにも対応しています。

1 メニューを表示する

DocuWorks Viewer Lightを起動しておく

1 [メニュー]をタップ

2 「ユーザーフォルダー」を開く

メニューが表示された

1 [ユーザーフォルダー]をタップ

3 ファイルを選択する

ユーザーフォルダーが表示された

1 アップロードするファイルを長押し

チェックボックスが表示され、チェックマークが付く

2 [アップロード]をタップ

▶キーワード

Working Folder	p.168
フォルダ	p.169

HINT! Working Folderにフォルダを作成するには

DocuWorks Viewer Lightでは、ドロワーやフォルダの中に新規フォルダを作成することも可能です。

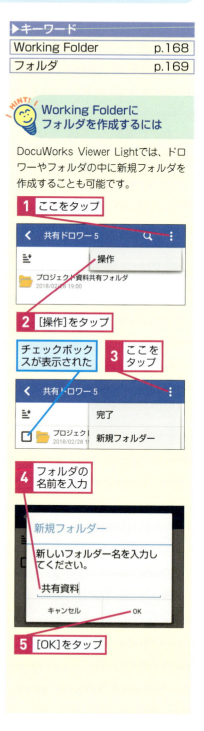

1 ここをタップ

2 [操作]をタップ

チェックボックスが表示された

3 ここをタップ

4 フォルダの名前を入力

5 [OK]をタップ

4 キャビネットを選択する

Working Folderのキャビネットが表示された

1 キャビネットをタップ

5 目的のフォルダを選択する

キャビネット内のドロワーが表示された

アップロードするドロワーを開き、さらにドロワー内のフォルダを表示しておく

6 ファイルをアップロードする

ファイルをアップロードするフォルダが表示された

1 [ここにアップロード]をタップ

ここをタップすると表示される画面で、アップロードするファイルを別名保存にするか、上書き保存にするかを設定できる

ファイルがアップロードされる

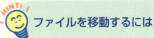 ファイルを移動するには

ユーザーフォルダーやWorking Folderにあるファイルをほかのフォルダに移動することもできます。

1 ファイルやフォルダを長押し

2 [移動]をタップ

Point
モバイル端末で編集したファイルを社内で共有する

DocuWorks文書などのファイルを社内でやり取りする際、Working Folderを利用すれば、在宅勤務や外出先の相手ともファイルを共有できるため便利です。さらにDocuWorks Viewer Lightを利用すれば、モバイル端末を使ってそうしたファイルにアクセスできるほか、編集したファイルをアップロードすることも可能であり、素早く社内のほかのユーザーとファイルを共有することが可能です。

この章のまとめ

さまざまな用途で活用できる懐の深さが魅力

DocuWorksは文書管理を中心とする業務を効率化するためのツールですが、具体的な利用方法はユーザーのアイデア次第です。単純にファイルを整理するためだけに使っても構いませんし、アノテーションを駆使して文書の高度な管理を実現するためのツールとしても使えるでしょう。このように、多様に活用できる懐の深さがDocuWorksの大きな特徴です。

ただDocuWorksには数多くの機能があるため、最初は戸惑うこともあるでしょう。慣れるまでは、仕事で使う書類をまずはDocuWorksに置いておく、というのもいいかもしれません。そうして多数のファイルが登録されるようになれば、必然的に整理する必要が生じます。そのときに、どのようにDocuWorksの機能を使えば効率化できるのかを自分なりに考え、ルール化してみましょう。さらに、そのルールを定期的に見直して改善を繰り返せば、自然と業務効率も向上していくでしょう。

モバイルなら外出先でも作業できる

スマートフォンアプリの「DocuWorks Viewer Light」を使えば、場所を選ばず参照できる

付録1　DocuWorks 9体験版のインストール

DocuWorks 9を利用するには、あらかじめアプリケーションをWindowsパソコンにインストールしておく必要があります。なお、富士ゼロックスのWebサイトでは、DocuWorksの体験版が提供されています。導入前に機能を確認したいときに利用してみましょう。ダウンロードには、富士ゼロックスダイレクトのユーザーIDが必要となります。ユーザーIDは無償で登録することが可能です。

▼DocuWorks 9体験版 ダウンロードページ
https://www.fujixerox.co.jp/download/software/docuworks/

1 セットアップを開始する

DocuWorks 9体験版を
ダウンロードしておく

1 ダウンロードしたファイルをダブルクリック

2 インストールを開始する

インストーラーが
起動した

1 ［インストール］を
クリック

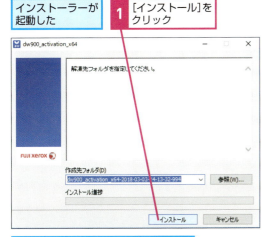

［ユーザーアカウント制御］画面が表示されたら、［はい］をクリックしておく

3 インストールする言語を選択する

インストーラーが
起動した

1 ここをクリックして
［日本語］を選択

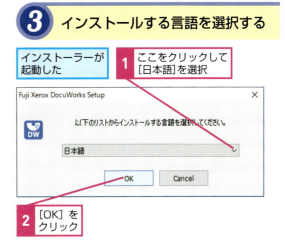

2 ［OK］を
クリック

4 セットアップウィザードを開始する

［DocuWorks 9 セットアップ］画面が表示された

1 ［次へ］を
クリック

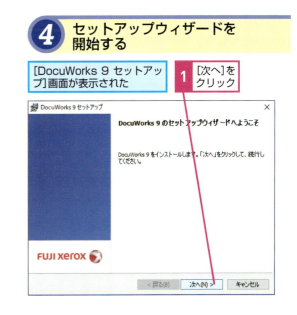

次のページに続く

5 使用許諾契約に同意する

| ソフトウェア使用許諾契約が表示された | 内容をよく読んでおく |

1 [使用許諾契約の条項に同意します]をクリック

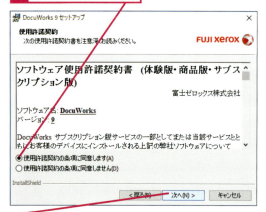

2 [次へ]をクリック

6 認証方法を選択する

| [認証方法]画面が表示された | **1** [シリアル番号]をクリック |

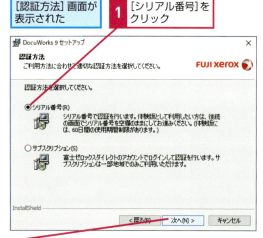

2 [次へ]をクリック

7 セットアップタイプを選択する

| [セットアップタイプ]画面が表示された | ここでは[標準]でセットアップする |

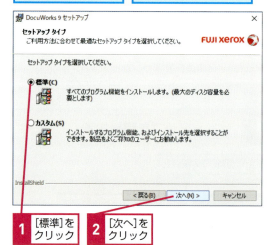

1 [標準]をクリック　**2** [次へ]をクリック

8 プログラムをインストールする

| プログラムをインストールする準備ができた | **1** [インストール]をクリック |

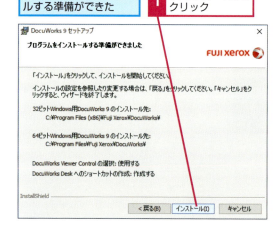

9 セットアップを完了する

| セットアップウィザードが完了した | **1** [完了]をクリック |

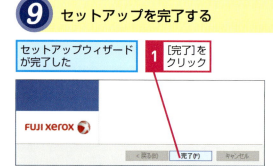

10 [体験版をインストールします]を選択する

1 [体験版をインストールします]をクリック

2 [次へ]をクリック

11 Fuji Xerox DocuWorks 連携フォルダ for Working Folderをインストールする

[Fuji Xerox DocuWorks 連携フォルダ for Working Folderセットアップ]画面が表示された

1 [次へ]をクリック

12 使用許諾契約に同意する

ソフトウェア使用許諾契約が表示された

内容をよく読んでおく

1 [使用許諾契約の条項に同意します]をクリック

2 [次へ]をクリック

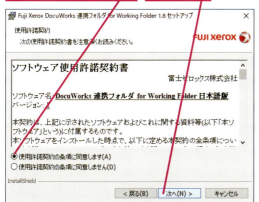

13 プログラムをインストールする

プログラムをインストールする準備ができた

1 [インストール]をクリック

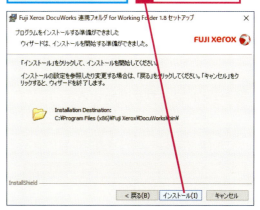

14 セットアップを完了する

セットアップウィザードが完了した

1 [完了]をクリック

2 インストールが開始されたら、しばらく待つ

3 [OK]をクリック

すべてのインストール作業が完了する

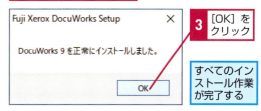

付録2　DocuWorks Viewer Lightのインストール

DocuWorks 9を持っていないユーザーでもDocuWorks文書が閲覧できるように、富士ゼロックスでは無償のDocuWorks文書ビューアーである「DocuWorks Viewer Light 9」を配布しています。インストーラーは富士ゼロックスのWebサイトからダウンロードすることができます。

▼「DocuWorks Viewer Light 9」ダウンロードページ
https://www.fujixerox.co.jp/download/software/docuworks/download101/

1 セットアップを開始する

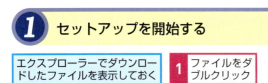

2 インストーラを起動する

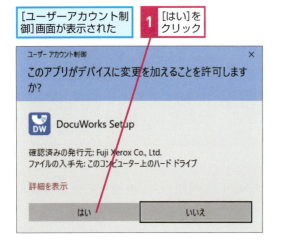

3 インストールする言語を選択する

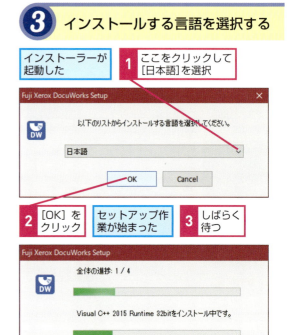

4 セットアップウィザードを開始する

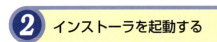

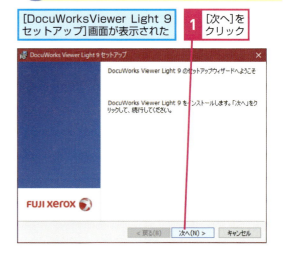

5 使用許諾契約に同意する

| ソフトウェア使用許諾契約が表示された | 内容をよく読んでおく |

1 [使用許諾契約の条項に同意します]をクリック

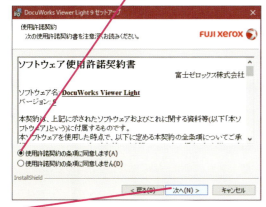

2 [次へ]をクリック

6 セットアップタイプを選択する

| [セットアップタイプ]画面が表示された | ここでは[標準]でセットアップする |

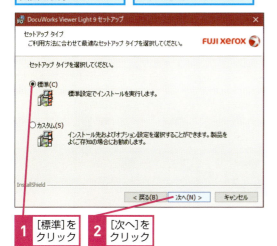

1 [標準]をクリック
2 [次へ]をクリック

7 プログラムをインストールする

| プログラムをインストールする準備ができた | **1** [インストール]をクリック |

8 セットアップを完了する

| セットアップウィザードが完了した | **1** [完了]をクリック |

2 [OK]をクリック

すべてのインストール作業が完了した

付録3　モバイル版DocuWorks Viewer Lightのインストール

「DocuWorks Viewer Light」は、DocuWorks文書やバインダーを開くことができるほか、Working Folderにアクセスすることもできます。Androidを搭載したスマートフォンおよびタブレット端末向けとiPhoneおよびiPad用があります。

② アプリを検索する

検索画面が表示された

1 [docuworks viewer light]と入力

2 [docuworks viewer light]をタップ

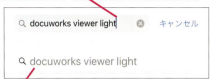

③ アプリをインストールする

DocuWorks Viewer Lightの詳細画面が表示された

1 [入手]をタップ

④ Apple IDでサインインする

アカウントが表示された

1 [インストール]をタップ

⑤ パスワードを入力する

[Apple IDでサインイン]画面が表示された

1 パスワードを入力

2 [サインイン]をタップ

3 [常に要求]をタップ

⑥ アプリがインストールされた

インストールが完了した

付録

用語集

DocuWorks Desk（ドキュワークス デスク）
DocuWorks文書の作成や整理、保管など、ファイル単位の操作を行うためのアプリケーション。DocuWorks文書以外のファイルを扱うことも可能。

DocuWorks Viewer（ドキュワークス ビューワー）
DocuWorks文書の内容を表示するためのアプリケーション。メモや図形、スタンプなどの要素を文書に追加できるアノテーション機能もある。

DocuWorks入れ物（ドキュワークス いれもの）
複数のファイルを格納することができるファイル形式（拡張子：.xct）。DocuWorks文書やDocuWorksバインダー、DocuWorks入れ物、DocuWorks以外の文書フォーマットを格納できる。

DocuWorksバインダー（ドキュワークス バインダー）
複数のDocuWorks文書を格納できるファイル形式（拡張子：.xbd）。格納したDocuWorks文書は、一連のドキュメントとしてまとめて印刷することが可能。

DocuWorks文書（ドキュワークス ぶんしょ）
DocuWorksの独自形式のファイルのこと。特定の環境に依存することなく、ドキュメントの内容を表示、印刷することができる。DocuWorks DeskやDocuWorks Printerなどを利用して作成する。

OCR（オーシーアール）
Optical Character Recognitionの略。画像に含まれる文字を識別し、テキストデータに変換する仕組み。

PDF（ピーディーエフ）
Portable Document Formatの略。アドビシステムズが開発したファイルフォーマットで、ドキュメントの内容をさまざまな環境で表示、印刷できる。

RTF（アールティーエフ）
Rich Text Formatの略。マイクロソフトが開発したファイルフォーマットで、文字の大きさやフォントの種類、文字色などの情報を含むテキスト情報を保持することができる。

Working Folder（ワーキング フォルダー）
富士ゼロックスが提供しているクラウドサービス。さまざまな環境から同社が運用するサーバーにアクセスし、ファイルのアップロードやダウンロードを行える。

アノテーション
注釈のこと。DocuWorksでは、ドキュメントに対して付加する付箋やコメント、図形、スタンプなどをアノテーションと呼ぶ。

暗号化
第三者が見ても内容を判別できないよう、対象の内容を変換すること。DocuWorksでファイルの暗号化を行った場合、暗号化時に設定したパスワードを入力しなければ内容を読み取ることができない。

入れ物
DocuWorks文書だけでなく、各種アプリで作成したファイルもそのまま格納することができる機能。

お仕事スペース
Working Folderを利用し、ほかのパソコンやスマートフォン、タブレット端末との間でデータを同期することができる場所。ここに文書を置いて同期すれば、ほかの環境でも同じ文書を参照できる。

お仕事バー
DocuWorks Deskで利用できるツールバーの1つ。各種機能を配置でき、タブを使って業務内容ごとに機能を整理することも可能。DocuWorks 9ではタブを自由に追加できる。

オリジナルデータ
DocuWorksでは、DocuWorks文書を作成するための元となるファイルのことをオリジナルデータと呼ぶ。DocuWorks文書に添付することができ、DocuWorksからオリジナルデータを参照することも可能。

共有フォルダ
ネットワークに接続されている、ほかのコンピューターから参照することができるフォルダのこと。サーバーを利用する規模の大きなものから、Windowsパソコン同士で手軽に始められる小規模なものまで、用途や人数などによってさまざまな手法がある。

クラウドサービス
ネットワーク上でコンピューター資源を利用したサービスを提供する仕組みのこと。たとえば富士ゼロックスのWorking Folderでは、インターネット上でファイルの保存や共有ができるサービスが提供される。

ご近所Desk
DocuWorksのファイル共有機能。同じサブネットワー

クに接続しているDocuWorksの間で、簡単に文書の共有が始められる。

サーバー
一般のユーザーが利用するコンピューターに対し、何らかのサービスを提供するためのコンピューターのこと。たとえばメールサーバーは、クライアントコンピューターに対してメールを送受信するための仕組みを提供するためのサーバーである。

スキャン
紙に記述された内容を読み取ってデジタル化する「スキャナー」という装置を利用し、紙の書類の内容をアプリケーションに取り込むこと。

束ねる
複数のDocuWorks文書をまとめ、1つのDocuWorks文書にする操作のこと。逆の操作は［ばらす］。複数ページのDocuWorks文書は、単一ページのDocuWorks文書を［束ねる］した状態のもので、［ばらす］こともできる。

電子印鑑
パソコンで作成したファイルなど電子文書に対して、作成者や内容が改ざんされていないことを証明することを目的とした仕組み。DocuWorksでは、小規模環境で手軽に利用することができる「DocuWorks電子印鑑」と、外部の認証局が発行した電子証明書が利用できる。

ネットワークドライブ
Windowsにおいて、ファイルサーバーなどで共有されているハードディスクやその中のフォルダを、自分のパソコンに接続されているハードディスクのように扱うための仕組み。

バインダー
DocuWorks文書をまとめて整理する機能。関連する文書を集約して管理したい場面などで利用できる。

ファイル
データを格納するための単位。アプリを利用して作成した内容は、ファイルとしてハードディスクなどに記録される。DocuWorksでは、DocuWorks文書やDocuWorks入れ物、DocuWorksバインダーを扱えるほか、そのほかのアプリケーションで作成したファイルもオリジナルデータとして保持することができる。

フォルダ
Windowsなどでファイルを収納しておくための「保管場所」。DocuWorksでも基本的な意味は同様で、DocuWorks Deskにおいてファイルを整理、分類して収納しておく場所となる。ユーザーフォルダやリンクフォルダなど、役割の異なるフォルダが用意されている。

プレビュー
DocuWorks Viewerを利用することなくDocuWorks文書の内容を参照するDocuWorks Deskの機能。DocuWorks文書以外の形式のファイルはプレビューできない。

ふでばこ
DocuWorks Viewerで提供される機能。付箋やマーカーなど、よく使う機能を登録できるほか、最近使った機能が自動的に登録される。

ページ
DocuWorks文書の最小構成単位。紙に印刷する時におけるページと同一となる。

ポインティングモード
DocuWorks Viewerのカーソルの動作モードの1つ。ページ内のアノテーションを選択したり、位置を変更するなどの編集作業を行ったりする際に利用する。

マルチモード
DocuWorks Viewerのカーソルの動作モードの1つで、カーソルがテキストのない部分にあるときはポインティングモードと同様に動作し、テキストやアノテーションがそれらを選択できる。このほか、画面をドラッグしてスクロールできるスクロールモード、テキスト選択専用のテキスト選択モードが用意されている。

ユーザーフォルダ
DocuWorks Deskにおいて、ユーザーが自由にファイルやフォルダを置くことができるフォルダ。自分のパソコン上に設置され、DocuWorksで管理する個人のファイルはこのフォルダに収納される。ご近所Deskで共有を行っていても、ほかのユーザーは直接ユーザーフォルダにアクセスすることはできない。

リンクフォルダ
パソコン内の任意のフォルダ、あるいはネットワークでつながっている別のパソコンやサーバーの共有フォルダを、DocuWorksとリンクさせることでユーザーフォルダとほぼ同様に利用できるようにするための仕組み。

索 引

アルファベット

bit	70
BMP形式	100
DocuWorks	11
DocuWorks Desk	12, 14, 35, 38, 112
DocuWorks Deskのゴミ箱	20
DocuWorks Printer	18
DocuWorks Viewer	24, 34
DocuWorks Viewer Light	134
DocuWorks入れ物	39, 56, 148
DocuWorksバインダー	48
DocuWorks文書	18, 74
DocuWorks文書に変換	42
DocuWorks文書の削除	20
DocuWorks文書の表示領域	24
Excel	97
JPEG形式	100
Microsoft Office	21
OCR	65, 69, 80, 96
PDFに変換	60
PDFファイル	39
TWAIN	67
Webブラウザー	134
Wordファイル	96
Working Folder	109, 132, 134, 140, 147

記号・数字

2つの文書を比較	77

ア

アップロード	132
厚み表示	27
アノテーション	75, 82, 86, 98
アノテーションツールバー	24
アノテーションの一覧	85
アノテーションの編集を禁止	71
アノテーション編集機能	152
暗号化	70
イージープリンタ	63
イメージファイル	96
イメージ変換出力	100
入れ物	56
印刷	62
印刷を禁止	71
インフォビュー	32
インポート	119
エクスプローラー	22, 113, 117
エクスポート	118
お仕事スペース	108, 112
お仕事スペースの片付け	114
お仕事バー	14, 120
お仕事バーの共有	121
おすすめ	24
オリジナルデータ	23

カ

画像としてコピー	78
画像ファイル	100
画像ファイルに変換	61
紙文書の取り込み	64
キャビネット	132
共有フォルダ	128
クラウドサービス	110
クリアフォルダー	56
検索	44
検索結果	41
検索ツールバー	14
検証	104
ご近所	41
ご近所Desk	124
ご近所の机	125

サ

再整列	30
サムネール	16
自分の机	127
社内ネットワーク	124
終了	34
新規フォルダ	40
親展ボックス	41, 66
スキャナ	64
スキャン	80
図形	24, 85
スタンプ	24, 87, 102
スライダーバー	146
設定の共有	118
ゼロックスの複合機	66
属性ビュー	41

タ

タイトル	94
タイトルアノテーション	75, 88
ダウンロード	132
束ねる	46
通信を停止	124
ツールバー	14, 24
机の上	98
テキスト選択モード	33
テキストの入力	86
転記を禁止する	71

電子印鑑 —102
ドロワー —132, 134

ナ
ネットワークドライブ —129

ハ
バインダー —48, 56
バインダーの印刷 —62
バインダーの索引 —52, 54
バインダーのファイル移動 —54
白紙ページの活用 —91
パスワード —70
働き方改革 —108
ばらす —47
ハンコ —86
表示形式切り替えボタン —24
表示ページの切り替え —26
表示方法の切り替え —27
標準ツールバー —14
表示履歴 —141
ファイル —28
ファイルの共有 —126, 133, 156
ファイルの共有を停止 —131
ファイルのダウンロード —150
ファイルの取り込み —22, 42
ファイルの表示 —144
封筒 —56
フォルダ —40, 132
フォルダ部 —14
フォルダプロパティ —128
フォントの埋め込み —19
複合機 —66
ふでばこ —82
部分イメージコピー —33
フルアクセスパスワード —71
プレビュー表示 —32
プロキシ —111
文書の一部を拡大 —144
文書のスクロール —144
文書の整列 —28
文書の編集 —74
文書の編集を禁止 —71

マ
ページの回転 —76
ページの削除 —91
ページの挿入 —76
ページの並び替え —76
ページ番号 —92, 145

ページを作成 —23
ポインティングモード —98
マーカー —84, 155
マルチモード —78
メールアドレスのリンク —94
メールで送る —156
メニューバー —14, 24
目次 —88
文字の貼り付け —79
持ち寄りテーブル —130
元に戻す —116
モバイル端末 —139
モバイル版DocuWorks Viewer Light —138

ヤ
ユーザーフォルダ —14, 41

ラ
リスト表示 —17
リンク —94
リンクアノテーション —94
リンクフォルダ —41, 112
リンクフォルダ —128
連続ページ表示 —27

ワ
ワークスペース部 —14, 17

できるサポートのご案内

できるシリーズの書籍の記載内容に関する質問を下記の方法で受け付けております。

| 電話 | FAX | インターネット | 封書によるお問い合わせ |

質問の際は以下の情報をお知らせください

① 書籍名・ページ
② 書籍の裏表紙にある**書籍サポート番号**
③ お名前　④ 電話番号
⑤ 質問内容(なるべく詳細に)
⑥ ご使用のパソコンメーカー、機種名、使用OS
⑦ ご住所　⑧ FAX番号　⑨ メールアドレス

※電話の場合、上記の①~⑤をお聞きします。
FAXやインターネット、封書での問い合わせについては、各サポートの欄をご覧ください。

※裏表紙にサポート番号が記載されていない書籍は、サポート対象外です。なにとぞご了承ください。

回答ができないケースについて (下記のような質問にはお答えしかねますので、あらかじめご了承ください。)

● 書籍の記載内容の範囲を超える質問
　書籍に記載していない操作や機能、ご自分で作成されたデータの扱いなどについてはお答えできない場合があります。
● できるサポート対象外書籍に対する質問
● ハードウェアやソフトウェアの不具合に対する質問
　書籍に記載している動作環境と異なる場合、適切なサポートができない場合があります。
● インターネットやメールの接続設定に関する質問
　プロバイダーや通信事業者、サービスを提供している団体に問い合わせください。

サービスの範囲と内容の変更について

● 該当書籍の奥付に記載されている初版発行日から3年が経過した場合、もしくは該当書籍で紹介している製品やサービスについて提供会社によるサポートが終了した場合は、ご質問にお答えしかねる場合があります。
● なお、都合により「できるサポート」のサービス内容の変更や「できるサポート」のサービスを終了させていただく場合があります。あらかじめご了承ください。

電話サポート　0570-000-078 (月~金 10:00~18:00、土・日・祝休み)

・ **対象書籍をお手元に用意**いただき、**書籍名**と**書籍サポート番号**、**ページ数**、**レッスン番号**をオペレーターにお知らせください。確認のため、お客さまのお名前と電話番号も確認させていただく場合があります
・ サポートセンターの対応品質向上のため、通話を録音させていただくことをご了承ください
・ 多くの方からの質問を受け付けられるよう、1回の質問受付時間をおよそ15分までとさせていただきます
・ 質問内容によっては、その場ですぐに回答できない場合があることをご了承ください
　※本サービスは無料ですが、**通話料はお客さま負担**となります。あらかじめご了承ください
　※午前中や休日明けは、お問い合わせが混み合う場合があります

FAXサポート　0570-000-079 (24時間受付・回答は2営業日以内)

・ 必ず上記①~⑧までの情報をご記入ください。メールアドレスをお持ちの場合は、メールアドレスも記入してください
　(A4の用紙サイズを推奨いたします。記入漏れがある場合、お答えしかねる場合がありますので、ご注意ください)
・ 質問の内容によっては、折り返しオペレーターからご連絡をする場合もございます。あらかじめご了承ください
・ FAX用質問用紙を用意しております。下記のWebページからダウンロードしてお使いください
　https://book.impress.co.jp/support/dekiru/

インターネットサポート　https://book.impress.co.jp/support/dekiru/ (24時間受付・回答は2営業日以内)

・ 上記のWebページにある「できるサポートお問い合わせフォーム」に項目をご記入ください
・ お問い合わせの返信メールが届かない場合、迷惑メールフォルダーに仕分けされていないかをご確認ください

封書によるお問い合わせ
(郵便事情によって、回答に数日かかる場合があります)

〒101-0051
東京都千代田区神田神保町一丁目105番地
株式会社インプレス できるサポート質問受付係

・ 必ず上記①~⑦までの情報をご記入ください。FAXやメールアドレスをお持ちの場合は、ご記入をお願いいたします
　(記入漏れがある場合、お答えしかねる場合がありますので、ご注意ください)
・ 質問の内容によっては、折り返しオペレーターからご連絡をする場合もございます。あらかじめご了承ください

本書を読み終えた方へ
できるシリーズのご案内

シリーズ7000万部突破※1　売上No.1※2 ベストセラー

※1：当社調べ　※2：大手書店チェーン調べ

Windows 関連書籍

できるWindows 10 改訂3版

法林岳之・一ヶ谷兼乃・清水理史＆
できるシリーズ編集部
定価：本体1,000円+税

パソコンの基本操作はもちろん、スマートフォンと連携する便利な使い方も分かる！　紙面の操作を動画で見られるので、初めてでも安心。

できるWindows 10 活用編

清水理史＆
できるシリーズ編集部
定価：本体1,480円+税

タスクビューや仮想デスクトップなどの新機能はもちろん、Windows 7/8.1からのアップグレードとダウングレードを解説。セキュリティ対策もよく分かる！

できるWindows 10 パーフェクトブック 困った！&便利ワザ大全 改訂3版

広野忠敏＆
できるシリーズ編集部
定価：本体1,480円+税

パソコンの基本操作もWindows 10の最新機能の解説も収録。初心者から上級者まで、長く使えて頼りになる圧倒的ボリュームの解説書。

できるゼロからはじめるパソコン超入門 ウィンドウズ 10対応

法林岳之＆
できるシリーズ編集部
定価：本体1,000円+税

大きな画面と文字でウィンドウズ 10の操作を丁寧に解説。メールのやりとりや印刷、写真の取り込み方法をすぐにマスターできる！

Office 関連書籍

できるWord 2016
Windows 10/8.1/7対応

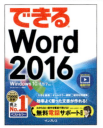

田中亘＆
できるシリーズ編集部
定価：本体1,140円+税

基本的な文書作成はもちろん、写真や図形、表を組み合わせた文書の作り方もマスターできる！　はがき印刷やOneDriveを使った文書の共有も網羅。

できるExcel 2016
Windows 10/8.1/7対応

小舘由典＆
できるシリーズ編集部
定価：本体1,140円+税

レッスンを読み進めていくだけで、思い通りの表が作れるようになる！　関数や数式を使った表計算やグラフ作成、データベースとして使う方法もすぐに分かる。

できるPowerPoint 2016
Windows 10/8.1/7対応

井上香緒里＆
できるシリーズ編集部
定価：本体1,140円+税

スライド作成の基本を完全マスター。発表時などに役立つテクニックのほか、「見せる資料作り」のノウハウも分かる。この本があればプレゼンの準備は万端！

読者アンケートにご協力ください！
https://book.impress.co.jp/books/1117101129

このたびは「できるシリーズ」をご購入いただき、ありがとうございます。
本書はWebサイトにおいて皆さまのご意見・ご感想を承っております。
気になったことやお気に召さなかった点、役に立った点など、
皆さまからのご意見・ご感想をお聞かせいただき、
今後の商品企画・制作に生かしていきたいと考えています。
お手数ですが以下の方法で読者アンケートにご回答ください。
ご協力いただいた方には抽選で毎月プレゼントをお送りします！

※プレゼントの内容については、「CLUB Impress」のWebサイト
　（https://book.impress.co.jp/）をご確認ください。

❶ URLを入力して Enter キーを押す
❷ [アンケートに答える]をクリック

◆会員登録がお済みの方
会員IDと会員パスワードを入力して、[ログインする]をクリックする

◆会員登録をされていない方
[こちら]をクリックして会員規約に同意してからメールアドレスや希望のパスワードを入力し、登録確認メールのURLをクリックする

※Webサイトのデザインやレイアウトは変更になる場合があります。

本書のご感想をぜひお寄せください　https://book.impress.co.jp/books/1117101129

「アンケートに答える」をクリックしてアンケートにご協力ください。アンケート回答者の中から、抽選で商品券（1万円分）や図書カード（1,000円分）などを毎月プレゼント。当選は賞品の発送をもって代えさせていただきます。はじめての方は、「CLUB Impress」へご登録（無料）いただく必要があります。

読者登録サービス
アンケートやレビューでプレゼントが当たる！

 本書の内容に関するお問い合わせは、無料電話サポートサービス「できるサポート」をご利用ください。詳しくは172ページをご覧ください。

■著者
株式会社インサイトイメージ

2009年3月設立。ネットワークからアプリケーションまで、エンタープライズ領域におけるテクノロジーやソリューションについての解説を各種媒体向けに執筆。また出版物の企画立案や制作業務の支援、Web媒体でのコンテンツ制作のほか、企業向けにマーケティングおよびリサーチ業務のサポートも行っている。主な著書に『できるOffice 365 Business/Enterprise対応 2017年度版』（インプレス）などがある。

協力　富士ゼロックス株式会社

STAFF

本文オリジナルデザイン	川戸明子
シリーズロゴデザイン	山岡デザイン事務所<yamaoka@mail.yama.co.jp>
カバーデザイン	株式会社ドリームデザイン
本文イメージイラスト	原田 香
本文イラスト	松原ふみこ・福地祐子
編集制作	クロックワークス
デザイン制作室	今津幸弘<imazu@impress.co.jp>
	鈴木 薫<suzu-kao@impress.co.jp>
制作担当デスク	柏倉真理子<kasiwa-m@impress.co.jp>
編集長	藤原泰之<fujiwara@impress.co.jp>
オリジナルコンセプト	山下憲治

本書は、できるサポート対応書籍です。本書の内容に関するご質問は、172ページに記載しております「できるサポートのご案内」をよくお読みのうえ、お問い合わせください。
なお、本書発行後に仕様が変更されたハードウェア、ソフトウェア、サービスの内容などに関するご質問にはお答えできない場合があります。また、以下のご質問にはお答えできませんのでご了承ください。
・書籍に掲載している手順以外のご質問
・ハードウェア、ソフトウェア、サービス自体の不具合に関するご質問
・本書の前提としている環境以外に関するご質問
・本書で紹介していないアプリケーション等の使い方や操作に関するご質問
本書の利用によって生じる直接的または間接的被害について、著者ならびに弊社では一切の責任を負いかねます。あらかじめご了承ください。

■落丁・乱丁本などの問い合わせ先
TEL 03-6837-5016　FAX 03-6837-5023
service@impress.co.jp
受付時間　10:00～12:00　13:00～17:30
（土日・祝祭日を除く）
●古書店で購入されたものについてはお取り替えできません。

■書店／販売店の窓口
株式会社インプレス 受注センター
TEL 048-449-8040　FAX 048-449-8041

株式会社インプレス 出版営業部
TEL 03-6837-4635

できるDocuWorks 9
ドキュワークス ナイン

2018年4月1日　初版発行

著　者　株式会社インサイトイメージ & できるシリーズ編集部
発行人　土田米一
編集人　高橋隆志
発行所　株式会社インプレス
　　　　〒101-0051　東京都千代田区神田神保町一丁目105番地
　　　　ホームページ　https://book.impress.co.jp/

本書は著作権法上の保護を受けています。本書の一部あるいは全部について（ソフトウェア及びプログラムを含む）、株式会社インプレスから文書による許諾を得ずに、いかなる方法においても無断で複写、複製することは禁じられています。

Copyright © 2018 INSIGHT IMAGE, Ltd. and Impress Corporation. All rights reserved.

印刷所　株式会社廣済堂
ISBN978-4-295-00331-1 C3055

Printed in Japan